Le Dr Melchior Marmonier
1813-1891

Vie et œuvre du promoteur de
la transfusion sanguine en Grésivaudan

Acteurs de la Science

Fondée par Richard Moreau,
professeur honoraire à l'Université de Paris XII
Dirigée par Claude Brezinski et Roger Teyssou

La collection Acteurs de la Science est consacrée à des études sur les acteurs de l'épopée scientifique moderne ; à des inédits et à des réimpressions de mémoires scientifiques anciens ; à des textes consacrés en leur temps à de grands savants par leurs pairs ; à des évaluations sur les découvertes les plus marquantes et la pratique de la Science.

Dernières parutions

Claudio GRIMALDI, *Les Éloges de Fontenelle. La création du discours sur la science*, 2020.
Benoît LINEL, *Le docteur Vitalien. Le médecin de Ménélik II*, 2020.
Joël MARCOVITCH, *L'embryon, mémoire de l'humanité*, 2020.
Christiane VILAIN, *Où va la physique ? De la physique mécaniste à quelques élaborations contemporaines,* 2019
Vincent LAFORGE, *La chair et le plomb*, 2019.
Jean-Yves DE LA CAFFINIERE, *Robert Merle d'Aubigné, Chirurgien bâtisseur (1900-1989),* 2019.
Roger TEYSSOU, *Théodore Tronchin et la grande aventure de l'inoculation de la variole*, 2019.
Sofiane BOUHDIBA, *Le côté obscur de la médecine. Mauvais médecins et médecins mauvais, de l'Antiquité à nos jours*, 2019.
Daniel BOIS, *L'information aux sources de la science*, 2019.
Alexandru MARINESCU, *Le voyage de la « Belgica », Premier hivernage dans les glaces antarctiques,* 2019.
Franck CANOREL, *Contribution à l'histoire sociale des poisons. Le Ginger Jake*, 2018.
Tithnara SUN, *Les mots de la pharmacie, Une histoire linguistique de la pharmacie,* 2018.
Roger TEYSSOU, *Nouveau dictionnaire mémorable des remèdes d'autrefois,* 2018.
Jean-Paul WALCH, *Naissance de la chimie*, 2018.
AMIC, *Le temps, Une approche interdisciplinaire,* 2018.
Jean-Louis MILLOT, *Le discret pouvoir des odeurs*, 2018.
Pierre CHARLES-DOMINIQUE, *Histoire de la découverte des faunes tropicales. Les progrès de la pensée scientifique*, 2018.
Marceau FELDEN, *De Darwin à Einstein, Deux aventuriers du savoir,* 2018.
Auguste MARIE, *La psychanalyse et les nouvelles méthodes d'investigation de l'inconscient*, 2018.

Alain Marmonier

Le Dr Melchior Marmonier
1813-1891

Vie et œuvre du promoteur de
la transfusion sanguine en Grésivaudan

L'Harmattan

5-7, rue de l'École-Polytechnique, 75005 Paris

http://www.editions-harmattan.fr

ISBN : 978-2-343-20391-1
EAN : 9782343203911

« — Monsieur Benassis est-il un bon médecin ? demanda-t-il enfin.
— Je ne sais pas, mon cher monsieur, mais il guérit les pauvres pour rien.
— Il paraît, reprit-il en se parlant à lui-même, que cet homme est décidément un homme.
— Oh ! Oui, monsieur, et un brave homme ! Aussi n'est-il guère de gens ici qui ne le mettent dans leurs prières du soir et du matin ! »

« Habitué, par les rapports qu'il avait eus avec les hommes d'énergie que rechercha Napoléon, à distinguer les traits des personnes destinées aux grandes choses, Genestas devina quelque mystère dans cette vie obscure, et se dit en voyant ce visage extraordinaire :
— Par quel hasard est-il resté médecin de campagne ? »

Honoré de Balzac,
Extraits du roman : *Le Médecin de campagne*

Remerciements

- A Mme Monique Bonvallet pour son apport documentaire et généalogique ;

- Au Centre Généalogique du Dauphiné pour l'arbre généalogique ascendant de Melchior Marmonier (extrait de la revue Généalogie & Histoire, n° 158/159 - 2e/3e trimestre 2014) ;

- Aux personnels de la médiathèque « Jules Verne » de Domène (38420) ;

LE DOCTEUR MARMONIER PÈRE

Sommaire

Avant-propos

En écrivant cette monographie sur la vie de Melchior Joseph Marmonier, notre ambition consiste à donner à chaque lecteur, les éléments historiques et scientifiques propres à se faire une opinion, la plus juste possible, sur l'œuvre de ce personnage isérois, louangé par certains et ignoré par beaucoup d'autres. Combien de passants qui découvrent, au hasard de leurs pérégrinations, son buste de bronze devant l'église du village de Domène, se posent la question de sa raison d'être ?

Au plan local, il est considéré par certains initiés comme le *père* de la transfusion sanguine mais cette reconnaissance n'est pas partagée par tous et partout. En illustration de nos propos, notons la non-inscription du docteur Marmonier aux différents dictionnaires ou encyclopédies des noms propres. De très rares auteurs, comme Jacques Ruffié et Jean Charles Sournia dans leur ouvrage traitant de la transfusion sanguine, évoquent son rôle en la matière :... *dans un village du Dauphiné, Marmonier sauva ainsi, en 1851, une accouchée récente avec 90 grammes de sang. Marmonier était de ces praticiens français curieux de tout, instruits des progrès de la science, et n'hésitant pas à entreprendre dans tous les* domaines[1]...

---

[1] Ruffié Jacques et Sournia Jean-Charles, La transfusion sanguine, Fayard éd., 1996, p 60

Il est vrai que cet homme discret, et peut-être plus encore modeste, nous aide peu à valoriser ses actions. Il préféra en effet, tout au long de sa vie, privilégier le savoir-faire et le savoir-être, au faire-savoir. La notoriété, il l'avait acquise avec le temps, auprès de ses concitoyens. La célébrité il n'en avait cure, allant jusqu'à dire que ces principes-là « l'agaçaient ». Sa qualité de médecin de campagne, fort occupé à soulager sa nombreuse patientèle sur un territoire étendu et au relief accidenté, ne lui laissait pas le temps nécessaire à la propagation de ses idées novatrices. Aurait-il eu des *fonctions hospitalières* que les choses se seraient déroulées autrement ?

Force est de constater que les documents historiques le concernant manquent et qu'avec le temps la mémoire collective fait aujourd'hui défaut. Seules subsistent quelques archives publiques, militaires et civiles, des articles scientifiques et de journaux, des actes de la vie civile et notariés. L'absence d'archives familiales ou privées ne nous permet pas de combler les lacunes concernant des pans entiers de son existence. Tout cela rend la tâche du biographe bien ardue.

Deux opuscules, l'un émanant de la mouvance locale des donneurs de sang[2], l'autre de la mairie de Domène à l'occasion du centenaire de sa mort[3], lui ont été consacrés au siècle dernier. Ils mettent avant tout l'accent sur son rôle éminent en matière de transfusion sanguine en France, allant à lui accorder le qualificatif de « père » de cet acte médical très particulier.

Dans ce travail nous nous efforcerons de rétablir quelques vérités sur sa vie : ses origines, sa formation médicale, son engagement militaire dans l'armée d'Afrique, son implantation à Domène, son apport à la transfusion sanguine bien évidemment, mais aussi son implication dans l'économie et la politique locales.

---

[2] Union Départementale des donneurs de sang de l'Isère-la Providence, Vizille : *Le Dr Marmonier père précurseur de la transfusion sanguine*, Imprimerie Guirimand Grenoble, 1980, 26p

[3] Borgis J-P., Magnin R. et Bailly J., *Un grand médecin dauphinois : le Docteur Marmonier (1813-1891) père de la transfusion sanguine en France*, Domène, Mairie, 1992, 32p

Nous passerons en revue les différents épisodes de son existence en les resituant chaque fois dans le contexte spécifique du XIXe siècle. Il serait vain voire injuste, en effet, d'apprécier l'œuvre de Melchior Joseph Marmonier à l'aune de nos seules connaissances présentes…

Cet ouvrage se subdivise en sept chapitres d'inégales longueurs mais dont les thématiques distinctives, en grande partie chronologiques, se complètent et s'enrichissent au fur et à mesure du déroulé de la vie du docteur Marmonier.

Nous envisagerons ainsi successivement :

1. La naissance et les études ;
2. La carrière militaire ;
3. Le médecin de campagne en Grésivaudan ;
4. Le promoteur de la transfusion sanguine en Dauphiné ;
5. L'entrepreneur, associé d'Aristide Bergès ;
6. Le notable de Domène ;
7. Le décès et les honneurs posthumes ;

En annexes sont colligés plusieurs documents : biographie succincte de son fils Charles, arbre généalogique ascendant, allocutions prononcées lors de l'inauguration du monument à sa mémoire, articles de presse, éclairant la vie et l'œuvre de Melchior Marmonier. Enfin, il est proposé au lecteur : une bibliographie d'ouvrages et d'articles scientifiques, puis un rappel des sources manuscrites et imprimées, ayant servi à la rédaction de ce livre.

Puisse cette courte biographie apporter un peu plus de clarté sur la vie et l'œuvre de Melchior Joseph Marmonier, médecin ô combien novateur en son temps…

I

La naissance et les études

L'an 1813 marque le déclin du 1er empire. Après deux victoires sur les troupes russo-prussiennes en mai, juin voit la perte de l'Espagne et octobre celle de l'Allemagne. En décembre les troupes autrichiennes et bavaroises entrent en Alsace.

Cette année-là, le 13 septembre, à une heure du matin, nait à Montagnieu, petit village du Bas-Dauphiné en Isère, Joseph Melchior Marmonier. Il est le premier enfant de Melchior Joseph Marmonier, propriétaire-rentier domicilié à Torchefelon (Isère), et d'Anne, Marie, Thérèse Périer, fille d'un laboureur de Quaix-en-Chartreuse (Isère). Parmi ses ascendants directs on retrouve deux notaires ayant officié à Torchefelon, une commune voisine de Montagnieu, au XVIIe et XVIIIe siècle. (Arbre généalogique ascendant en annexe)

L'acte de naissance (Document iconographique I) précise la suite des prénoms : Joseph puis Melchior. Pourtant, toute sa vie et sur l'acte de décès, il se fera appeler Melchior Joseph comme son père. Les raisons de ce choix ne nous sont pas connues. Par respect de sa décision nous adopterons cet ordre, délibérément choisi, tout au long de l'ouvrage. Le nom Marmonier, porté sur l'acte, ne comprend qu'un seul « n » contrairement à une dérive commune qui lui en attribue souvent deux.

L'enfance de Melchior Joseph a dû en grande partie se passer dans la maison familiale de Torchefelon, sise chemin de Croix Marmonière (Document iconographique II et III, gravure et photo). La construction de cette demeure du XVIe adopte, pour partie, la technique locale dite du « pisé ». Le pisé consiste en un mode de construction des murs par de la terre crue banchée, c'est-à-dire compressée dans un coffrage. Son socle présente un renforcement de galets comme il était classique.

La commune, à vocation rurale, se situe au sud de l'agglomération de La Tour-du-Pin, à 520 mètres d'altitude, sur un modeste plateau parsemé d'étangs, délimité au nord par la vallée de la Bourbre et à l'est par celle de l'Hien, son affluent. Ce secteur -connu sous l'appellation régionale de « terres froides »- a été formé par les dépôts morainiques générés par le retrait des glaciers de l'époque quaternaire, qui se déposèrent sur un bloc molassique. En 1821, Torchefelon comptait 827 habitants.

Melchior Joseph peut être considéré comme un privilégié de son temps, où seul un enfant sur quarante-cinq intégrait l'enseignement secondaire. Ses parents, bien que petits propriétaires terriens, se donnèrent les moyens de lui « payer des études ». En 1830 il devient bachelier ès lettres.

La même année, il s'inscrit, à l'Ecole pratique de médecine de Lyon. L'explication de sa « vocation médicale » demeure inconnue. Cette décision, personnelle ou familiale, s'écarte de la norme qui voulait que l'on fût médecin de père en fils ou qu'au moins on appartînt à la moyenne bourgeoisie[4]. En préparant, dans un premier temps, « l'officiat » de santé (issu de la loi du 19 ventôse de l'an XI), diplôme subalterne à la scolarité plus courte, il soulageait financièrement ses parents. Vers 1830, il fallait débourser, en moyenne, 2.000 francs pour un diplôme d'officier de santé, contre

[4] Guillemain Hervé, *Devenir médecin au XIXe siècle, vocation et sacerdoce au sein d'une profession laïque*, in Annales de Bretagne et des Pays de l'Ouest, tome 116, n°3, Presses universitaires de Rennes, 2009, p109-123

12.000 pour le grade de docteur en médecine. Le titre d'officier de santé s'acquérait auprès d'un jury départemental après la réussite à trois examens. A titre indicatif, les jurys départementaux délivrèrent 348 diplômes d'officier de santé en 1837. Le « doctorat » en médecine s'obtenait, lui, à l'issue de cinq examens, parachevés par la soutenance d'une thèse qui valait reconnaissance nationale[5].

Melchior Joseph semble opter pour un cursus progressif, par étapes, devenir officier de santé, puis, si les conditions le permettent, accéder au Graal doctoral. Compte tenu de sa condition sociale modeste, cette stratégie offrait les meilleures chances de succès.

De 1830 à 1840, rien ne filtre ou presque sur sa vie. Chanceux il sera exempté, grâce au tirage au sort, de tout service militaire à la conscription de 1833, ce qui lui permettra de poursuivre ses études médicales[6]. A cette époque, le recrutement pour service militaire, dont la durée était fixée à six ans, s'effectuait par engagement personnel ou tirage au sort.

Dès lors, on peut faire deux hypothèses. Soit qu'il remplit, un temps, des fonctions d'officier de santé dans le département du Rhône et que les maigres revenus ainsi obtenus lui autorisèrent la poursuite d'une « scolarité doctorante ». L'officier de santé ne pouvait exercer que dans les limites du département où il avait été reçu. Soit que, pour recevoir une formation médicale plus complète, il s'accommodât de la tutelle du ministère de la Guerre, et suivit trois ans d'études sérieuses, sanctionnées par un concours annuel dans les hôpitaux d'instruction des armées. Dans ce cas et pour engager ces élèves dans la voie du doctorat, la nation acceptait de rémunérer la fin de leurs études. Aux alentours de 1835, il ne sortait, par cette filière, que vingt-quatre médecins militaires par an[7].

Cette dernière piste parait la plus plausible, car on sait qu'il passa, et réussit, le concours de recrutement des officiers de santé à l'hôpital militaire de Lyon, où il fut nommé chirurgien sous-aide

[5] Jacques Léonard : *Les études médicales en France entre 1815 et 1848*, Revue d'Histoire Moderne & Contemporaine, Année 1966 13-1, pp. 87-94
[6] Loi Gouvion-Saint-Cyr du 10 mars 1818
[7] Jacques Léonard : opus cité

auxiliaire. Il y prendra ses fonctions le 21 avril 1840. Son passage sera de courte durée car quatre mois plus tard il sera reçu docteur en Médecine. Un congé exceptionnel avec conservation de solde lui sera accordé par le ministre de la Guerre pour passer ses derniers examens et rédiger son ultime « dissertation »[8].

Il soutiendra sa thèse à Montpellier le 21 août 1840, une des trois facultés qui, avec Paris et Strasbourg, dispensait à l'époque en France, la totalité du cursus médical. Lyon en effet ne sera Faculté de Médecine de plein exercice qu'à partir de 1874. Ce retard est notamment dû à la crainte des Lyonnais que l'enseignement ne « détourne les jeunes gens du commerce et de l'industrie »…

Son sujet de thèse porte sur : *Les indications et contre-indications de la lithotritie et de l'influence de l'âge sur son application et ses résultats*[9]. Cette intervention, récemment proposée, divise l'Académie de Médecine entre tenants de la nouvelle technique et partisans d'une chirurgie traditionnelle « à ciel ouvert ». C'est la classique reproduction d'une « querelle des anciens et des modernes ». Bien que très prudent dans son argumentation, on devine à la lecture de sa dissertation où va sa préférence. Entre lithotritie et lithotomie il a fait son choix. Le thème abordé s'inscrit dans une étonnante modernité, la lithotritie marque en effet les débuts d'une chirurgie endoscopique non invasive, moins sujette à complications, dont les interventions cœlioscopiques actuelles représentent le riche et fructueux prolongement. Faut-il y voir déjà là son penchant pour une médecine humaniste et de progrès ? Son exposé magistral se prolongea d'une épreuve d'anatomie-physiologie sur « l'histoire des vices de conformation du bassin » et d'une épreuve de sciences médicales concernant : « les règles à suivre dans le traitement de l'ophtalmie ». Ces deux épreuves figurent en dernière partie de sa thèse.

[8] Archives du Service Historique des Armées. Dossier militaire de Marmonier (1840-1843)

[9] Marmonier Melchior, *Les indications et contre-indications de la lithotritie et de l'influence de l'âge sur son application et ses résultats*, thèse médecine, Montpellier, 21 août 1840, imprimerie Ricard

La première de couverture (Document iconographique IV) indique, sous son nom et lieu de naissance, la mention « chirurgien militaire ». La dédicace stipule : « A la mémoire d'un bon père, regrets éternels ! » et « A ma mère et à ma famille, attachement sans bornes ». Son père n'a donc pas eu la fierté de savoir son fils accéder au diplôme de Docteur en Médecine. Il restera, comme il en prit l'engagement, fidèle aux siens jusqu'à réunir, petite-fille, épouse, mère et beaux-parents, dans une même sépulture au cimetière de Tencin en Isère.

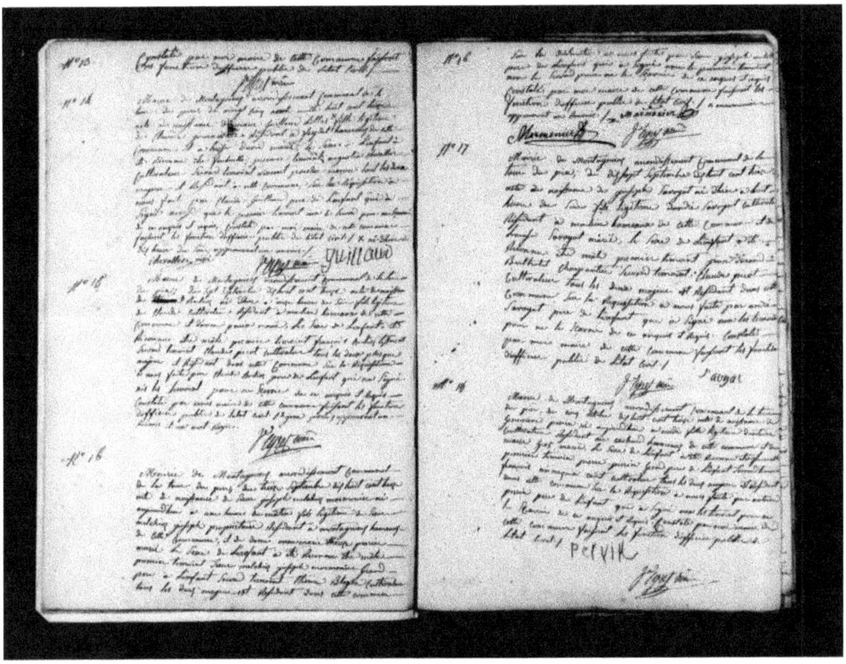

Document iconographique I

Commune de Montagnieu (38), acte de naissance N°16, année 1813

Il apparait clairement que le patronyme ne comprend qu'un seul « n » et que l'ordre des prénoms choisis est Joseph, Melchior

Document iconographique II

La Marmonière à Torchefelon vers 1900

Document iconographique III

La Marmonière à Torchefelon état actuel
(Photo de l'auteur)

DISSERTATION

N° 119.

SUR

LES INDICATIONS ET LES CONTRE-INDICATIONS DE LA LITHOTRITIE,

ET DE L'INFLUENCE DE L'AGE

SUR SON APPLICATION ET SES RÉSULTATS.

TRIBUT ACADÉMIQUE

Presenté et publiquement soutenu

A LA FACULTÉ DE MÉDECINE DE MONTPELLIER LE 21 AOUT 1840,

PAR

M.-J. MARMONIER,

de Montagnieu (Isère);

CHIRURGIEN MILITAIRE;

POUR OBTENIR LE GRADE DE DOCTEUR EN MÉDECINE.

MONTPELLIER,

Imprimerie de Ve RICARD, née GRAND, place d'Encivade.

1840.

Document iconographique IV

Photocopie de la **page de couverture de la thèse de Melchior Marmonier**
Soutenue le 21 août 1840 devant la Faculté de Médecine de Montpellier

II

La carrière militaire

En mai-juin et début juillet 1830 à la suite de plusieurs batailles, les troupes de Charles X débarquées à Sidi Ferruch s'emparent d'Alger. Ce fait de guerre constitue le premier épisode de la conquête de l'Algérie. En octobre 1837 Louis-Philippe 1er décide de l'expédition de Constantine qui est prise le 13 du mois. Cette victoire assure une accalmie de courte durée rompue par une reprise des hostilités conduite par Abd-el-Kader en novembre 1839.

C'est dans ce contexte, que Melchior Joseph Marmonier par décision ministérielle du 18 septembre 1840 apprend son affectation à l'Armée d'Afrique, comme chirurgien aide-major, dans le corps de la Légion Etrangère, crée 9 ans plus tôt (Document iconographique V). Quelques jours plus tard il prend ses fonctions à l'hôpital militaire du camp de Fondouk (à 32 km au sud-est d'Alger) à l'extrémité orientale de la Mitidja sur un des derniers ressauts de la chaine de l'Atlas (Document iconographique VI).

De 1830 à 1857 troupes françaises occupèrent successivement, les villes, les plaines puis les montagnes. En 1840 la grande plaine d'Alger comprenait déjà 1.580 colons européens. L'arrêté du

25 septembre 1836 leur concédait gratuitement des lots d'une superficie moyenne de quatre hectares, avec engagement de les mettre en culture sous trois ans et d'y construire une maison[10].

Le camp de Fondouk sécurise ces implantations comme le souligne l'article suivant. *Dès les premiers temps de l'occupation française on y édifia (1839) un établissement militaire protégé par un mur d'enceinte crénelé, flanqués de 4 tours bastionnées. De nombreux colons attirés par la fertilité du sol vinrent se regrouper autour du camp retranché sur la rive gauche du Hamiz. Le village né spontanément en dehors de toute intervention officielle prenait déjà de l'importance quand survint la décision du 26 avril 1842 qui approuvait l'occupation restreinte*[11].

En ce tout début de colonisation, les fonctions dévolues au corps médical des armées ne se limitent pas à des aspects purement militaires. Les actes chirurgicaux pour blessures de guerre ne représentent pas l'ordinaire de Melchior Marmonier. La pathologie infectieuse y domine la scène sanitaire. Malaria, typhoïde, dysenteries et typhus déciment la troupe et les populations civiles non prémunies contre ces maladies. Toutes ces affections étaient alors englobées sous le vocable de « fièvres tropicales ». Leur démembrement en entités nosologiques distinctes devra attendre l'ère pastorienne à la fin du XIX et début du XXe siècle. L'individualisation de l'agent du paludisme, le 6 novembre 1880 à l'hôpital militaire de Constantine, revient à un médecin de l'armée française, Alphonse Laveran. Celle du typhus, en 1909, est à mettre au crédit de Charles Nicolle, à l'Institut Pasteur de Tunis. Tous deux reçurent, pour leurs travaux, le prix Nobel de médecine, en 1907 et 1928 respectivement.

Claire Fredj a étudié, en zones rurales, le rôle des médecins dans les soins aux colons à partir de rapports envoyés par les médecins militaires. *Dans les premières décennies de la conquête en Algérie se pose la question de la possibilité d'y installer une population européenne. La force avec laquelle les maladies déciment le corps expéditionnaire et les colons rend en effet cette implantation*

[10] Le développement géographique de la colonisation agricole en Algérie : Henri Busson, Annales de géographie, année 1898, 31 pp. 34-54
[11] Extrait de l'Echo d'Alger du 28/08/1913

problématique. Le contrôle sanitaire de ces nouveaux villages est essentiellement effectué par des médecins militaires. Ils sont les témoins de leurs difficiles débuts et notamment de la forte mortalité des populations agricoles et urbaines peu habituées à leurs nouvelles conditions d'existence. Ces difficultés posent la question de l'acclimatement, diversement appréciée par les médecins. Les rapports des médecins de l'armée esquissent le paysage sanitaire en train de naître en Algérie. Y domine, particulièrement dans les campagnes, le médecin militaire, aux côtés duquel travaillent aussi des médecins civils, des sœurs de charité et des sages-femmes. Outre la mise en place d'un cadre matériel et humain, les rapports des officiers de santé précisent la manière dont les médecins organisent leur service médical, la fréquence des visites et la manière dont elles se déroulent, éclairant un pan de l'histoire de la médicalisation au XIXe siècle[12].

Ne manquant pas d'initiatives pour améliorer l'ordinaire de la garnison le docteur Marmonier : *Dirige avec beaucoup d'intelligence et d'activités les travaux auxquels les soldats se livrent pour la création de jardins qui, plus tard, donneront des légumes frais à l'hôpital à la cuisine, amélioreront probablement l'état sanitaire de ce camp en bonifiant la nourriture des hommes bien portants et en donnant aux médecins de l'hôpital la facilité de faire entrer les aliments légers dans le régime alimentaire des malades, ce qui est chose fort difficile aujourd'hui. M. Marmonier aura rendu à la garnison de Fondouk des services qui se rattachent à sa spécialité puisque ses soins auront eu pour but d'améliorer le bien-être et par conséquent la santé du soldat. Il mérite donc à plus d'un titre l'estime et la bienveillance de ses chefs*. Lettre du sous-intendant Blanchot en date du 8 janvier 1841[13].

Sa bravoure lui valut une citation à l'ordre de l'armée d'Afrique. En 1842 dans un rapport adressé au ministre de la Guerre le sous-intendant militaire J-B Blanchot (1806-1862) responsable du service de santé en Algérie écrit : *M. Marmonier est le seul chirurgien*

[12] Les médecins de l'armée et les soins aux colons en Algérie (1848-1851), Claire Fredj, dans Annales de démographie historique 2007/1 (n° 113), pages 127 à 154

[13] Archives du Service Historique des Armées. Dossier militaire de Marmonier (1840-1843)

militaire qui soit resté valide, tous ses collègues ayant été atteints ou emportés par l'épidémie qui a décimé la garnison et la population civile du village de Fondouk. Il n'a cessé un seul jour de prodiguer, avec un zèle éclairé et un dévouement généreux, ses soins assidus, non seulement aux militaires malades, charge déjà bien lourde pour un seul homme, mais encore aux malheureux colons. M. Marmonier a été le dieu tutélaire du camp de Fondouk.

Il restera dans ce camp jusqu'en février 1842, et devra être rapatrié atteint lui aussi de fièvre tropicale. L'évolution de sa pathologie laisse à penser qu'il aurait contracté un paludisme à *Plasmodium malariae* ou plutôt *vivax, espèce* qui, classiquement et en dehors d'un traitement efficace, n'entraine que peu d'accès de reviviscence (rechutes sur un laps de temps assez court). En 1836, François-Clément Maillot, médecin militaire, avait déjà publié son *Traité des fièvres intermittentes* qu'il proposait de traiter au sulfate de quinine[14].

De retour en France, un congé de convalescence de quatre mois, avec solde, lui est octroyé qu'il passera à Tencin (Isère), dans sa famille. Il est affecté le 19 avril 1842 à l'hôpital de Longwy en Meurthe-et-Moselle. Il prendra ses fonctions le 29 juillet. Le climat local ne lui convient pas. Sujet à des crises de fièvres récurrentes, conséquences vraisemblables de son infestation palustre, l'autorité militaire lui accorde un nouveau congé de convalescence, avec demi-solde, le 23 octobre 1842. Un certificat médical délivré par le médecin militaire du 14e régiment d'infanterie légère de Longwy l'atteste :... *atteint d'une fièvre intermittente contractée en Afrique, laquelle depuis son arrivée a présenté de fréquentes récidives à l'occasion desquelles cet officier de santé a été chaque fois obligé de suspendre son service*[15].

Il réclame en vain, par courrier auprès du ministre de la Guerre, sa mutation pour l'hôpital militaire de Lyon afin de se rapprocher des siens et de retrouver des conditions météorologiques

---

[14] André Nouschi, *Notes sur la médecine et la démographie en Algérie de 1840 à 1880*, Annales de Démographie Historique, 1973 pp. 523-533

[15] Archives du Service Historique des Armées. Dossier militaire de Marmonier (1840-1843). Certificat médical.

plus clémentes. Renonçant, par lettre en date du 13 janvier 1843, à tous les droits acquis par ses services, il offre sa démission de l'armée. Le roi Louis-Philippe 1er l'acceptera le 11 février, mettant ainsi fin à sa carrière militaire. Cette décision importante doit être mise en rapport avec l'évènement déterminant suivant qui réorientera la suite de sa vie…

Le 22 février 1843, en effet, il épouse, à vingt-neuf ans et cinq mois, Margueritte Louise Caroline Marie Mayer, vingt-trois ans et six mois, dans la commune de Sévigny (aujourd'hui Sévigny-Waleppe), canton de Château, département des Ardennes (Document iconographique VII : acte de mariage). Elle est la fille de Jacques Mayer (ancien rédacteur au ministère de l'Intérieur et ancien sous-préfet des premier et deuxième arrondissements de Moselle, propriétaire) et de Louise-Frédérique Mayer née baronne de Roeder-Diersbourg (ancienne première dame d'honneur de son Altesse Impériale Stéphanie Napoléon, grande Duchesse de Bade). Marie Caroline naquit à Metz le 20 août 1819 (Document iconographique VIII : acte de naissance).

La transition d'une fonction médicale militaire vers une activité civile n'était pas une sinécure. L'investissement financier nécessaire, comme un rachat de clientèle par exemple, faisait souvent obstacle. Au moment de l'installation, quand les ressources familiales venaient à manquer, il restait aux praticiens sortis du rang la possibilité d'un « beau » mariage[16]. Les « espérances de fortune » de Marie Caroline Mayer s'avèrent proprement inespérées pour Melchior Marmonier dans le contexte social de l'époque. Son modeste statut de jeune médecin militaire démissionnaire, fils d'un petit propriétaire terrien décédé, pouvait difficilement lui laisser entrevoir pareille aubaine...

Son passage dans l'armée lui apportera outre une solide expérience de la « petite » chirurgie de terrain, une connaissance approfondie, auprès des populations civiles de Fondouk, du « métier » de médecin de campagne, apte à faire face à toutes sortes d'éventualités y compris obstétricales. Cet apprentissage singulier

---

[16] Jacques Léonard, La vie quotidienne du médecin de province au XIXe siècle, Hachette, 1977

confortera la suite de sa carrière de soignant et rendra possible l'acte qui le fit sortir de « l'anonymat »…

Document iconographique V

Melchior Marmonier
Au camp de Fondouk en 1841,
Dessin anonyme

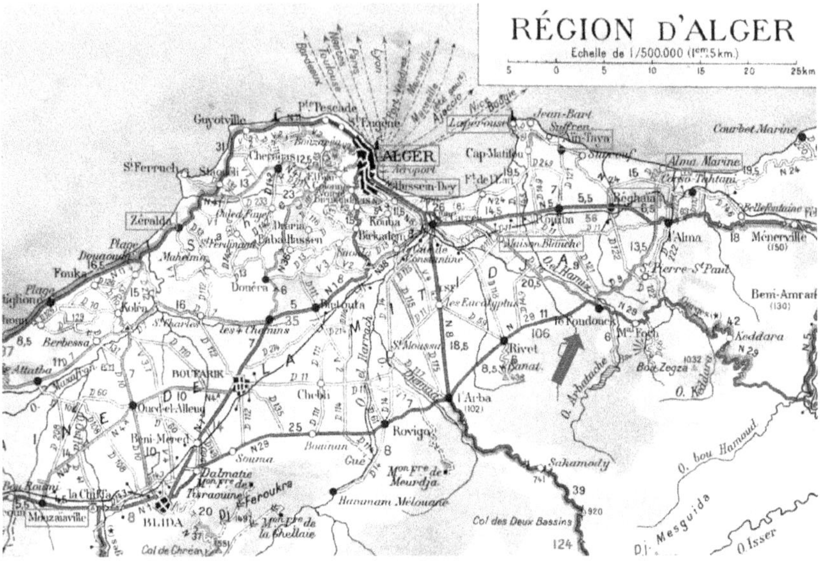

Document iconographique VI

Localisation du camp de Fondouk
À l'est de la plaine d'Alger

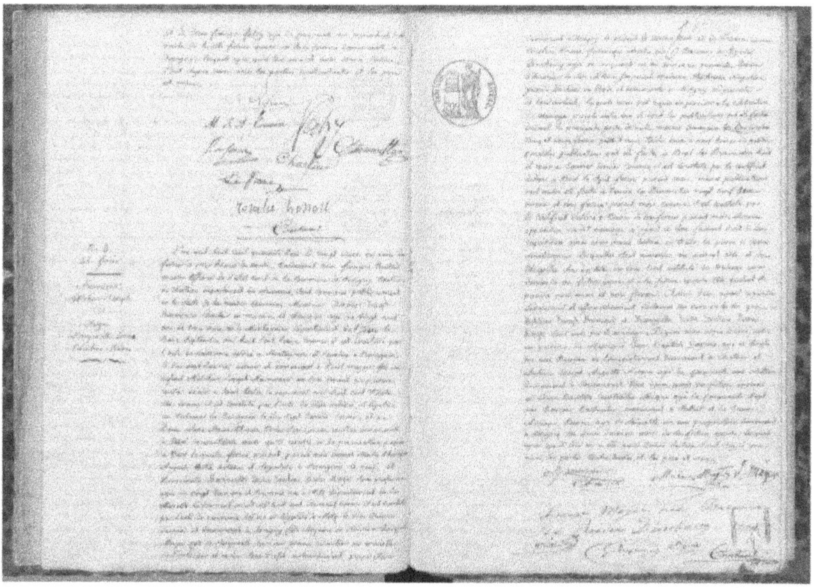

Document iconographique VII

Acte de mariage de Melchior et Marie Caroline
Le 22 février 1843 à Sévigny Ardennes

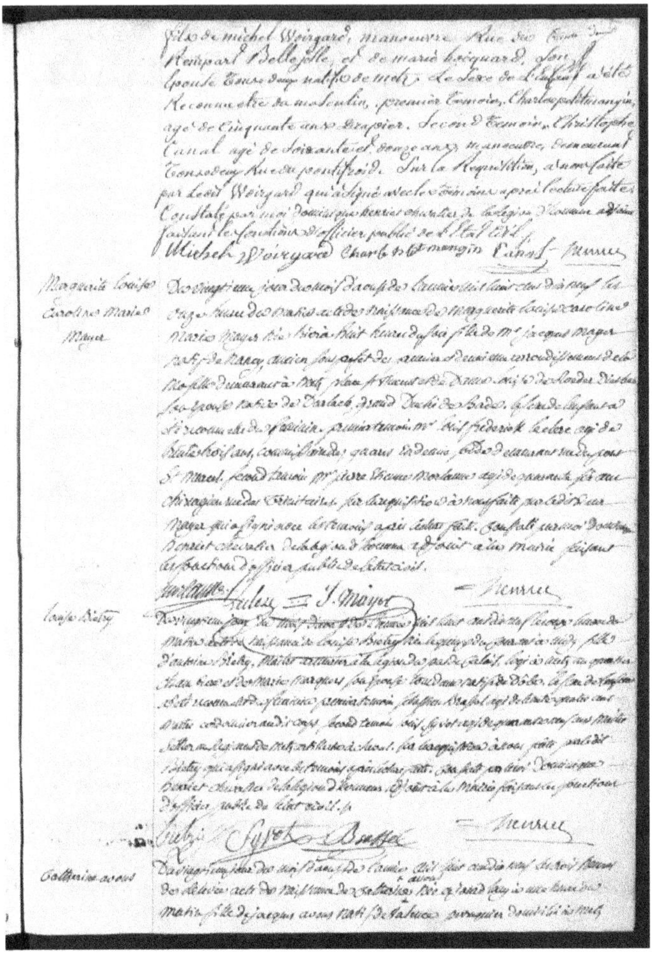

Document iconographique VIII

Acte de naissance de Marie Caroline Mayer
À Metz le 20/08/1819

III

Le médecin de campagne en Grésivaudan

Au pied de la haute chaine cristalline de Belledonne, à l'est du sillon alpin, qui porte ici le nom de plaine du Grésivaudan, implantée sur un cône de déjection pour éviter les crues dévastatrices de l'Isère, Domène fut, pendant des siècles, un village tourné vers l'agriculture et l'artisanat. La société paysanne, en rive gauche de la rivière, pratiquait une polyculture étagée, depuis la vallée pour : le maïs, le blé, le chanvre, les muriers et la sériciculture, jusqu'aux contreforts de Belledonne où se concentrait l'élevage ovin et bovin. Elle est dominée par les peigneurs de chanvres dont l'activité se montre la plus lucrative[17]. Un port rudimentaire, sur un méandre de l'Isère, facilite les échanges commerciaux à la fois d'amont et d'aval.

Cette situation sera bouleversée pendant la seconde moitié du XIXe siècle par l'aménagement du cours des torrents de montagne, notamment à l'aide de conduites forcées qui autoriseront l'optimisation de la production d'énergie d'origine hydraulique.

---

[17] Germaine Verner, *L'agriculture du Grésivaudan*, Revue de Géographie Alpine, Année 1937, 25-2, pp. 273-346

Destinée tout d'abord à l'industrie papetière naissante, elle contribuera ensuite à la production d'électricité. L'avènement de cette « houille blanche », comme la surnomma fort astucieusement Aristide Bergès, dopera la révolution industrielle locale et participera au rapide développement économique de la capitale du Dauphiné.

Le canton historique de Domène étendait son territoire administratif accidenté sur une dizaine de communes, s'étageant de 240 m d'altitude au plus bas (pour le village de Murianette) jusqu'à 700 m au plus haut (pour celui de Sainte-Agnès). Les trois quarts de la population vivaient dans la plaine et les tous premiers contreforts de Belledonne. Dans la grande longueur de son axe Nord-Sud, depuis Villard-Bonnot jusqu'à Saint Martin d'Uriage, le canton avoisinait par la route les 20 kilomètres. Selon toute logique, il devait constituer l'aire d'activité professionnelle privilégiée de tout médecin installé en centre bourg.

La littérature romanesque française du XIXe siècle a su cerner la psychologie et la sociologie de la médecine rurale de son temps. Deux ouvrages en dominent le paysage : « Le médecin de campagne » d'Honoré de Balzac (paru en 1833) et « Madame Bovary » de Gustave Flaubert (paru en 1857). Le docteur Benassis d'une part, et l'officier de santé Charles Bovary de l'autre, campent les deux archétypes de cette scène médicale. Le premier, titulaire d'un doctorat, personnifie l'esprit d'initiative, l'ouverture à un scientisme philanthropique naissant, prôné par Auguste Comte. Le second, sous-qualifié, incarne un tâcheron morne et routinier, incapable de répondre aux attentes de son épouse. Bien que d'essence romanesque, leur lecture nous dessine une fresque crédible des réalités médicales en cette moitié de siècle. Le succès de ces deux livres doit beaucoup au travail minutieux d'observation et de documentation des auteurs. Coïncidence savoureuse, Balzac situa le lieu de son intrigue non loin de Grenoble, au milieu d'un paysage de montagnes…

Par manque de ressources financières, le recours aux services d'un praticien était forcément limité. Dans ces conditions et jusqu'à la fin du Second Empire, la situation matérielle du médecin de campagne s'avérait peu enviable. Ses revenus équivalaient au salaire d'un bon ouvrier. A titre d'exemple, en 1850, le salaire journalier d'un ouvrier variait de 2 à 3 francs, celui d'un artisan de 5 à 10 francs. La servante et le valet de ferme recevaient respectivement : 150 et 350 francs par année de labeur. Un repas revenait à 0,30 franc, une paire de chaussures se négociait autour de 5 francs. Une visite à domicile d'officier de santé coûtait entre 0,50 et 1 franc, celle d'un docteur en médecine de 2 à 5 francs. A cette somme il convenait d'ajouter une indemnité horokilométrique de 1 à 1,5 francs par lieue parcourue à partir du cabinet du praticien. Au total, à la campagne, le coût d'une visite de médecin engageait le salaire de toute une semaine. Le troc représentait alors un moyen détourné du règlement courant des honoraires médicaux. En échange d'une consultation, le praticien pouvait recevoir : une volaille, de la charcuterie ou du bois de chauffage. On estime que près de 20% des consultations restaient, à cette époque, impayées. En conclusion on peut estimer entre 2.000 et 6.000 francs, les revenus annuels d'un médecin de campagne en ce milieu de siècle[18].

L'état sanitaire de la population se ressentait de ce déficit de prise en charge médicale. En 1844, le taux de mortalité infantile atteignait 190 pour 1.000 naissances. Les recensements militaires des conscrits domènois de l'époque mettaient l'accent sur leur médiocre état physique. Les réformes pour défaut de taille (moins de 1,60 m à 20 ans), pour crétinisme goitreux (déficit en apports iodés), pour cals vicieux post-traumatiques, étaient nombreuses[19].

En 1843, Melchior Marmonier, libéré de ses obligations militaires, vient avec sa jeune épouse s'établir, comme médecin « libéral », à Domène en Grésivaudan. Cependant sur l'acte de naissance de son fils Charles, en juin 1844, il indique tenir domicile à Tencin, village situé plus au nord dans la vallée et distant de dix-sept kilomètres (Document iconographique IX). Peut-être y habitera-t-il un temps, hébergé par de proches parents, en l'attente d'une résidence adaptée dans le bourg de Domène ? Il exercera sa charge, sans discontinuer, pendant plus de 47 ans dans ce chef-lieu de canton, de 1843 à 1891.

---

[18] Roland D'Amico, *Le métier de médecin rural en France, Historique depuis la Révolution Française*, Thèse médecine Nancy, 14 décembre 2005

[19] Jean-Pierre Borgis, *Domène au XIXe siècle. Etude économique et sociale d'une commune de la vallée du Grésivaudan.* Mémoire de Maitrise 1977

L'attrait d'un retour au pays natal a certainement pesé dans son choix. Peu de temps auparavant, il avait déjà séjourné, convalescent, à Tencin. Il connaissait donc l'environnement médico-sanitaire des communes de la rive gauche de l'Isère. La compréhension du patois local s'avérait un plus dans la conduite du dialogue lors du « colloque singulier » avec son patient. Le bourg de Domène offrait enfin l'avantage d'une belle proximité avec Grenoble. Au recensement de l'année 1841 le village comptait 1.554 habitants et le canton avoisinait les 10.500 « âmes » (Document iconographique X : courbe démographique jointe). La densité médicale, en cette première moitié de siècle, y était d'à peu près un médecin pour cinq mille habitants, soit un chiffre légèrement inférieur au reste du département de l'Isère (un pour trois mille huit cents). Deux médecins domiciliés à Domène *intra-muros* se partageaient la patientèle du canton. Bien que l'installation d'un jeune docteur en médecine fût libre *a priori*, elle obéissait *de facto* à un certain nombre d'éléments : offre de cession de clientèles de confrères ou de veuves de confrères, choix de profils par les notables locaux qui voulaient s'attacher les services d'un médecin ou se séparer d'un praticien incompétent[20].

Sa maison de Domène, sise aujourd'hui 32 rue de la République (Document iconographique XI), ne possède pas de caractéristiques bien particulières. Son implantation, le long de l'artère principale, en centre-ville, près des commerces et de la place du marché offrait les meilleures chances d'inciter les patients à consulter. Elle comprend deux étages, une vaste cour intérieure agrémentée d'une dépendance. Celle-ci abritait, selon toute vraisemblance, une remise pour le cabriolet destiné aux visites, un fenil et une écurie pour le cheval. Ce dernier coûtait à l'achat autour de 200 francs, et revenait à 100 francs d'entretien par an. Le cabinet médical et la salle d'attente occupaient une partie du premier étage. Le second, abritait les appartements privés du praticien. Pour les plus aisés, une « bonne » était affectée aux diverses tâches ménagères, moyennant, au milieu du siècle, un salaire de 100 francs par an, logée, nourrie et blanchie. La famille Marmonier qui comprenait trois personnes avant le décès de Marie Caroline, son épouse, bénéficiait d'une domestique à temps

[20] Léonard Jacques, La vie quotidienne du médecin de province au XIXe siècle, opus cité, p 36

plein. Une petite maison d'habitation mitoyenne d'un seul étage avec jardin et hangar, achetée en 1862, accueillait un locataire pour la somme de 100 francs par an. Un deuxième locataire occupait le rez-de-chaussée de sa maison bourgeoise pour 220 francs annuels[21].

En l'absence de documents personnels disponibles, comme ses carnets de visites par exemple, il faut s'inspirer de travaux historiques sur la vie des médecins de campagne de l'époque. Selon toute vraisemblance, l'activité journalière type de Melchior Marmonier devait, s'organiser de la façon suivante. Son travail quotidien consistait en une dizaine d'actes tarifés, répartis entre consultations et visites. S'agissant des consultations il n'existait pas dans les années 1850 de plages spécifiquement dédiées à cet usage. Le médecin recevait les premiers patients très tôt le matin et très tard le soir, soit avant et après le travail, ou encore le dimanche après la messe et à l'occasion des foires. Assez souvent, c'était l'épouse qui ouvrait la porte et conduisait les patients à l'intérieur de la salle d'attente ou directement au cabinet. C'est elle aussi qui tenait les comptes et s'occupait du suivi du paiement des honoraires[22]. Concernant les visites à domicile, elles nécessitaient des déplacements chronophages « par monts et par vaux » et exigeaient du praticien, outre une robuste constitution physique, une excellente connaissance topographique du canton, été comme hiver.

Assez rapidement le Docteur Marmonier assoit sa notoriété médicale dans le canton de Domène. Ses compétences chirurgicales de traumatologue et d'obstétricien lui confèrent un rôle local de praticien référent, appelé ou consulté dans les « cas difficiles » par les officiers de santé ou les sages-femmes. *Sa réputation d'accoucheur habile et expérimenté avait franchi depuis de longues années les limites strictes du pays dans lequel il exerçait*[23]. Son passé de chirurgien militaire, faisait qu'il excellait en traumatologie et qu'il n'hésitait pas dans

---

[21] Borgis J-P., Magnin R. et Bailly J., Un grand médecin dauphinois : le Docteur Marmonier (1813-1891) père de la transfusion sanguine en France, Domène, Mairie, p17

[22] Bos Jean-Luc, Le médecin de campagne en France au XIXe siècle, Thèse médecine Limoges, 9 octobre 1992

[23] Eloge funèbre du Dr Turel (Président de la Société de Médecine de l'Isère) lors des obsèques du Dr Marmonier père

l'urgence à se lancer dans certaines interventions vitales. Préoccupé des moyens à utiliser à cette fin, il imaginait des instruments adaptés qu'il fabriquait souvent lui-même ou plus rarement faisait faire.

De nombreux articles de presse témoignent de ses interventions lors d'accidents graves de la voie publique ou de travail dans les établissements industriels doménois[24]. Le 30 août 1888 il porta secours à un ouvrier grièvement blessé à la tête par une chute de pierres dans la gorge du Doménon, en amont de l'usine Matussière. En décembre 1889, il amputa 2 doigts à un employé de la papeterie Chevrant, victime d'un écrasement de la main. Ces deux dates témoignent d'une activité chirurgicale à un âge bien avancé de sa vie. Il avait alors 76 ans…

Outre sa fidèle patientèle, il œuvrait pour le compte du service médical du chemin de fer, des enfants assistés, du service vaccinal et de la médecine cantonale. En 1883, aux autorités sanitaires en charge de la protection des enfants du premier âge, il stipule, pour la circonscription de Domène, que : *vingt-trois enfants ont été visités. Ils étaient tous en bon état et les nourrices dans de bonnes conditions. Les livrets des nourrices ne sont pas exigés et les parents négligent de se conformer aux prescriptions de la loi. Comme conséquences des infractions commises, plusieurs enfants peuvent n'être pas connus et dès lors non visités par les médecins-inspecteurs*[25]. Le docteur se plaint en outre des dispositions trop habituelles des nourrices à alimenter trop tôt les enfants du premier âge à l'aide de potages et de purées. En 1884, il signale que : *les enfants sont en général bien soignés ; mais l'élevage est défectueux et la nourriture grossière.*

Il officia un temps en qualité de médecin aux eaux d'Uriage. Il participa activement aux travaux de la Société de Médecine et à la Société de prévoyance des Médecins de l'Isère dont il était membre depuis sa fondation.

---

[24] L'Impartial dauphinois des : 23/04/1862, 09/05/1877, 28/09/1878, 24/10/1880, 26/07/1881

[25] Rapports et délibérations/Conseil Général de l'Isère, Protection des enfants du premier âge, Août 1884 p 663 et Août 1885 p 667

A la suite du décès des deux autres praticiens, il se retrouva un temps seul médecin du canton de Domène, comme l'atteste une annonce parue dans l'Impartial dauphinois du 22 mars 1863.

Pendant la guerre de 1870-1871, élu à l'unanimité par ses confères, il fut le président et l'organisateur des ambulances sédentaires et mobiles de la vallée du Grésivaudan. Dans l'Impartial dauphinois du 4 septembre 1870, on pouvait lire que le docteur Marmonier : *offrait gracieusement ses soins médicaux aux militaires blessés qui seraient envoyés dans sa localité et qu'il s'engageait à recevoir chez lui un blessé qui serait soigné et nourri jusqu'à son complet rétablissement.* Il émarge, en outre, à la Société Internationale de Secours aux blessés militaires et tant qu'adhérent et souscripteur.

Les médecins des épidémies, au statut particulier, investis par l'administration de fonctions officielles et rétribués en tant que tels, se voyaient dépêcher sur place pour organiser les secours à l'appel des maires. Melchior Marmonier, qui œuvra à cette tâche, obtint la médaille d'honneur des épidémies. Cette distinction fut instituée par décret, du 31 mars 1885, suite aux conséquences de la grave épidémie de choléra de l'année 1884.

Pendant l'épidémie d'angines diphtériques qui causa, de 1886 à 1887, 79 victimes au sein des enfants du canton, il s'investit avec le docteur Bernard, médecin départemental des épidémies, dans la recherche des causes et les mesures d'hygiène à prendre pour limiter la contagion. Dans son rapport au préfet, ce dernier précisait : *je me suis rendu accompagné du Docteur Marmonier dans les maisons où avaient succombé un certain nombre d'enfants qui, à ses dires, seraient morts d'une angine diphtérique. Mr Marmonier attribue à la présence des fumiers devant les maisons l'origine de l'épidémie tout en ne supposant pas probable qu'ils soient l'unique cause de cette affection*[26].

En 1887, appelé au chevet d'un enfant se mourant de diphtérie, il l'accompagna jusqu'au terme et resta pour assurer le soutien psychologique de la famille. Plusieurs années plus tard, le père, à

[26] Archives départementales de l'Isère, 116M3, rapport du Dr Bernard, 1er février 1886

l'occasion de l'inauguration de la statue commémorative, relatera les faits au Réveil du Dauphiné. *Au moment où la ville de Domène se prépare à fêter l'inauguration de la statue du docteur Marmonier, je crois de mon devoir d'écrire ces lignes, dont le but est de dire ce qu'était avec ses clients le regretté docteur et de montrer qu'à côté de l'homme de science il y avait aussi un homme de cœur, plein de délicats sentiments. J'habitais Domène depuis trois mois à peine et je connaissais pour avoir parlé quelquefois seulement, le docteur Marmonier, quand mon fils fut atteint de la terrible maladie qui sévissait alors, l'angine diphtérique. Le docteur fut appelé et dès la première visite manifesta beaucoup d'inquiétude. Le lendemain malgré son grand âge il revint de très bonne heure, et les jours suivants aussi. La maladie était terrible et il avait reconnu le cas mortel dès le début, mais combien de précautions ne prit-il pas pour nous habituer à la cruelle séparation, et quand la maladie eut achevé son œuvre, quand serrant mon fils dans mes bras, je ne déposais sur la couche qu'un cadavre, il vint encore, oh ! Je ne l'oublierai jamais, qu'elle éloquence n'a-t-il pas mis pour adoucir notre chagrin, il resta pour nous parler plus d'une heure, pendant laquelle il développa toutes les idées philosophiques qui pouvaient apporter un soulagement à notre immense désespoir, qu'il partageait aussi puisque je l'ai vu pleurer. Ah ! Nous ne l'oublierons jamais ce brave et digne homme, et si les bonnes œuvres accomplies dans ce monde nous sont comptées pour l'avenir, celle-ci lui sera acquise, ainsi que notre éternel souvenir. Ces lignes, je les lui devais, mais je n'avais jamais eu le courage de les écrire, il a fallu près de cinq années pendant lesquelles j'ai appris à vivre avec ma douleur*[27].

En octobre 1890, quelques mois avant sa mort, il fut convié par Madame Mallet, sa transfusée du 3 janvier 1851, à une réunion intime qui, quarante ans après les faits, rassemblait les deux personnes grâce auxquelles elle devait la vie : Mademoiselle Faniel, devenue Madame Guillon, la donneuse de sang, et lui-même[28]. On devine l'émotion qui dut saisir à cet instant le docteur Marmonier.

[27] Le Réveil du Dauphiné en date du 5 octobre 1892
[28] Article de l'Avenir de l'Isère en date du 18 novembre 1890

Combien sont nombreux dans la vallée, ceux qui ont pu apprécier ce vieillard resté jusqu'à la fin vigoureux et alerte, ce praticien aussi modeste que distingué, désintéressé autant que dévoué, toujours empressé, nuit et jour, à se rendre auprès des malades qui l'appelaient, et qui restera comme un exemple de la dignité professionnelle ![29]

Le 25 mai 1891, à quelques heures de son trépas, emporté par une hémorragie cérébrale foudroyante, il avait assuré sa tournée de visites auprès de ses patients. *(Il) était de ceux qui luttent avec opiniâtreté, debout sur la brèche, jusqu'au moment où ils tombent pour ne plus se relever*[30].

Tout au long de sa vie Melchior Marmonier eut le souci de l'efficacité et de l'innovation dans sa pratique quotidienne au profit des malades qu'il fut amené à soigner. Habité d'une curiosité insatiable, il expérimenta avant l'heure, par la lecture régulière de la presse médicale naissante et la fréquentation d'une société savante, ce que l'on appelle aujourd'hui la « formation permanente ». Empathique et altruiste, il consacra une grande partie de son existence au soulagement de la misère humaine. En cela, il incarna dans son canton l'image d'un homme de science et de conscience.

Avec Marie-Caroline, son épouse, ils auront un fils unique, Charles Marmonier (né le 13 juin 1844) qui embrassera lui aussi la carrière médico-militaire et finira médecin major de 1ère classe (chevalier de la Légion d'honneur). Pour assurer financièrement les longues études de leur fils à l'école du service de santé militaire de Strasbourg, ils demanderont et obtiendront le secours d'une bourse. Sur le document du ministère de la Guerre daté de 1863, il est porté comme justificatif : *Le père médecin à Domène (Isère) n'a que peu de ressources*[31]. Cette démarche confirme les faibles de moyens dont pouvait disposer un médecin de campagne en milieu de carrière, au XIXe siècle.

---

[29] Extraits de l'Actualité Dauphinoise illustrée, de l'Avenir de l'Isère et du Courrier de Lyon du 26 mai 1891, du Bulletin du Service de santé militaire du 11 juin 1891
[30] Avenir de l'Isère du 25 mai 1891
[31] Gazette nationale ou le Moniteur universel du 29 novembre 1863

Malgré sa charge, Melchior Marmonier l'accompagnera dans ses études et l'assistera lors de sa thèse. En effet : *Le fils du docteur Marmonier avait choisi la transfusion du sang comme sujet. En 1869, à la Faculté de médecine de Montpellier, son père était présent pour la soutenance. Les quelques paroles élogieuses prononcées par le président de thèse à l'égard de M. Marmonier père déclencha, de la part des professeurs et des élèves présents, une belle acclamation à son égard*[32].

Un ouvrage, tiré de celle-ci, intitulé : *De la transfusion du sang*, fut imprimé en 1869 chez Victor Masson et fils, place de l'Ecole de Médecine, à Paris. Page VIII, Charles Marmonier écrit : *Fils d'un médecin qui, depuis l'arrêt de 1668, fut un des premiers à pratiquer en France la transfusion avec un succès complet, et dont on a dit récemment encore « qu'il avait contribué à remettre la transfusion en l'honneur » j'eus plus d'une fois l'occasion de recueillir à ce sujet ses réflexions pratiques, et de me prémunir de bonne heure contre le découragement qui aurait pu me saisir en abordant un sujet si rempli de difficultés*. Dans sa thèse, après une première partie historique, il collige 192 transfusions dont 94 dans le cas de métrorrhagies puerpérales, y compris bien sûr celle de son père…

Leur unique petite fille, Marie-Louise MARMONIER, décèdera prématurément à l'âge de 4 mois le 5 février 1873.

Son épouse, Marie Caroline, s'éteint le 2 août 1884, à l'âge de 65 ans, au plus fort de l'épidémie de choléra qui sévissait alors en France (5e pandémie). Le rapport de cause à effet n'est cependant pas établi.

La mairie de Domène, reconnaissante, édita en 1992 –en commémoration du centenaire de sa mort- sous la plume de J.-P. Borgis, R. Magnin et J. Bailly, un opuscule intitulé : « Un grand médecin dauphinois : le Docteur Marmonier (1813-1891) père de la transfusion sanguine en France ». Cet ouvrage représentait à ce jour le premier et le seul vrai travail historique qui lui fut consacré.

[32] Extraits de l'Actualité Dauphinoise illustrée, de l'Avenir de l'Isère et du Courrier de Lyon du 26 mai 1891, du Bulletin du Service de santé militaire du 11 juin 1891

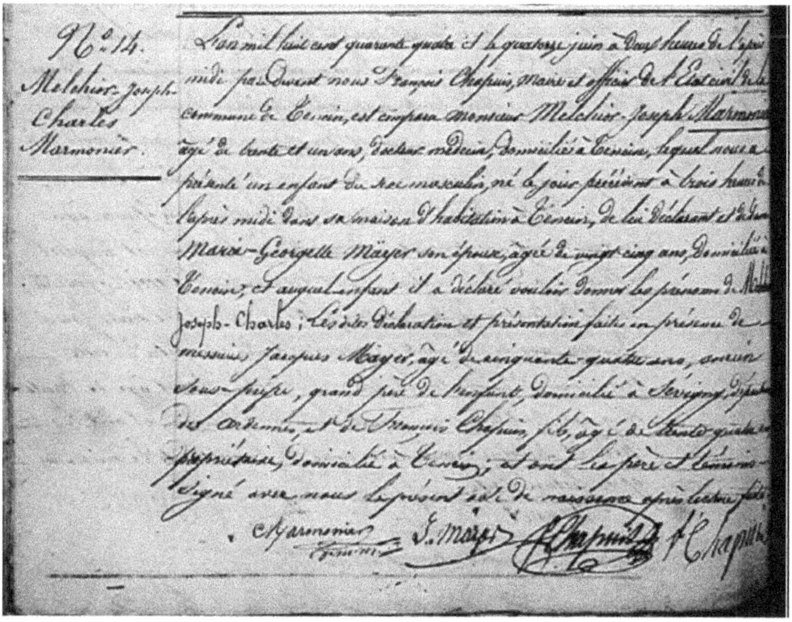

N° 14.
Melchior-Joseph-Charles Marmonier.

L'an mil huit cent quarante quatre et le quatorze juin à deux heures de l'après midi par devant nous François Chapuis, Maire et officier de l'Etat civil de la commune de Tencin, est comparu monsieur Melchior-Joseph Marmonier âgé de trente et un ans, docteur médecin, domicilié à Tencin, lequel nous a présenté un enfant du sexe masculin, né le jour précédent à trois heures de l'après midi dans sa maison d'habitation à Tencin, de lui déclarant et de dame Marie-Georgette Mayer son épouse, âgée de vingt cinq ans, domiciliée à Tencin, et auquel enfant il a déclaré vouloir donner les prénoms de Melchior Joseph-Charles ; Les dites déclaration et présentation faites en présence de messieurs Jacques Mayer, âgé de cinquante quatre ans, ancien sous-préfet, grand père de l'enfant, domicilié à Sevigny, départ. des Ardennes, et de François Chapuis fils, âgé de trente quatre [illegible] propriétaire, domicilié à Tencin ; et ont le père et témoins signé avec nous le présent acte de naissance après lecture faite.

Marmonier J. Mayer Chapuis F Chapuis

Document iconographique IX

Acte de naissance de Melchior Joseph Charles Marmonier

Le 13/06/1844 à Tencin

Evolution de la population doménoise de 1841 à 1891										
1	2	3	4	5	6	7	8	9	10	11
1841	1846	1851	1856	1861	1866	1872	1876	1881	1886	1891
1554	1478	1375	1395	1393	1620	1484	1719	1915	1906	1987

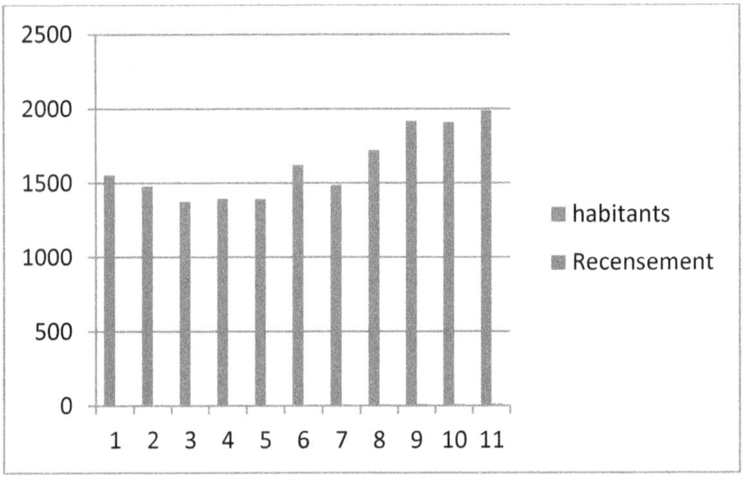

Document iconographique X

Nombre d'habitants à Domène au cours des 11 recensements, couvrant la période 1841-1891, où exerça le Dr Marmonier.

Document iconographique XI

Maison d'exercice de Melchior Marmonier à Domène

(Photo de l'auteur)

IV

Le promoteur de la transfusion sanguine

L'observation princeps du 3 janvier 1851

Le docteur Melchior Marmonier, âgé alors de trente-huit ans, ne se doutait pas que, ce vendredi 3 janvier 1851 au petit matin, les circonstances dramatiques de l'accouchement pour lequel on venait de l'appeler, allaient marquer à tout jamais sa vie et le projeter presque involontairement dans l'histoire de la transfusion sanguine.

Le texte ci-après reproduit fidèlement l'article du 17 mars 1851, paru en première page de la Gazette des Hôpitaux civils et militaires, dont les bureaux se situaient au 38 de la rue des Saints Pères, en face de l'Académie de Médecine, à Paris. Son titre précisait : « Détails sur l'opération de transfusion pratiquée avec succès par M. le docteur Marmonier, médecin aux eaux d'Uriage ». (Document iconographique XII).

Ainsi que nous l'avons annoncé dans un de nos numéros, M. Marmonier a entendu notre appel, et nous a adressé un double de l'observation suivante envoyée en même temps à la Revue

Médicale. En publiant ce fait remarquable, il est de notre devoir de faire remonter à l'habile et savant chirurgien qui a donné l'exemple de la transfusion une partie du bienfait dont l'humanité est redevable à M. Marmonier.

Le trois janvier 1851, à six heures du matin, je fus appelé pour accoucher la femme Mallet (de Lancey) canton de Domène (Isère), âgée d'environ trente ans, d'une constitution lymphatique, un peu affaiblie par plusieurs grossesses rapprochées, par des accouchements antérieurs laborieux et par quelques peines morales et physiques.

Lorsque j'arrivai près de cette femme, les douleurs qui accompagnent le travail d'accouchement avaient presque cessé ; elle était faible et épuisée par de longs et inutiles efforts qui n'avaient pu amener l'expulsion de l'enfant à cause de l'existence d'une antéversion très prononcée de la matrice ; je reconnus une présentation de la tête, et je jugeai alors que je ne pourrais terminer l'accouchement dans cette position ; j'opérai promptement la version du fœtus et l'amenai par les pieds ; au même moment il se manifesta une perte de sang plus forte que de coutume, qui m'obligea d'extraire rapidement le placenta et d'exciter la contraction de la matrice qui se trouvait dans un état d'inertie assez sensible. Cette manœuvre fut suivie de succès ; après quelques instants la perte était arrêtée, et la malade se trouvait bien.

Je restais près d'elle encore trois quarts d'heure ; j'examinai le pouls que je trouvai bon quoiqu'un peu faible ; j'examinai la matrice qui me paraissait dans un état satisfaisant ; puis je crus pouvoir me retirer, la laissant aux soins de l'accoucheuse et de la famille. Je l'avais quittée depuis une demi-heure lors qu'elle éprouva une hémorragie utérine extrêmement abondante qui fut suivie d'un long évanouissement ; puis elle reprit connaissance et éprouva un peu de mieux ; mais ce mieux ne devait pas être de longue durée ; car une seconde hémorragie, aussi très abondante survint encore et laissa cette fois la malade dans un plus long évanouissement et avec une plus grande faiblesse.

Ce fut au moment de la première perte que l'on revint me chercher ; j'accourus et lorsque je me trouvai près d'elle, c'était environ trois heures après son accouchement et une heure et demie après la première perte abondante. J'appris par l'accoucheuse et par les parents tout ce qui s'était passé pendant mon absence, et je pus apprécier moi-même, en voyant la malade, toute la gravité de la situation. Cette femme que plusieurs fois les personnes présentes avaient crue morte, était d'une faiblesse désespérante, avec une pâleur mortelle ; les extrémités étaient froides, le pouls était presque insensible et quelquefois nul ; l'obscurcissement de la vue, qui existait presque constamment, ne cessait quelques instants que pour se reproduire bientôt après, et annonçait presque toujours le retour d'une nouvelle syncope.

Je fus témoin, pendant trois quarts d'heure, de tous les accidents que je viens de signaler, et j'employai pendant ce temps tous les moyens dont je pouvais disposer pour arrêter une légère perte qui se reproduisait encore de temps en temps, et pour ramener la chaleur et la circulation prêtes à s'éteindre.

Je fis d'abord des applications astringentes et rafraichissantes sur l'abdomen, je profitai de la suspension des syncopes pour faire boire quelques gorgées d'infusion concentrée de seigle ergoté ; j'administrai lorsque cela était possible, quelques cuillérées d'une potion cordiale ; je fis des frictions seiches sur la peau avec une brosse et de la laine ; j'appliquai des linges chauffés sur les membres, sur le corps ; à chaque évanouissement, j'appliquai du vinaigre sous le nez, sur les lèvres, etc... Je luttai ainsi pendant trois quarts d'heure, sans obtenir la moindre amélioration ; le mal allait, au contraire, toujours en s'aggravant. J'entrevoyais une mort prochaine, inévitable, à laquelle je croyais d'autant plus que, quelques mois auparavant, j'avais vu mourir une voisine de la malade, la femme Perrin, quatre heures après un accouchement, des suites d'une hémorragie absolument semblable.

J'étais désespéré, lorsque l'idée de la transfusion, qui m'avait déjà préoccupé, m'apparut comme le seul moyen de salut ; cette idée me fut suggérée par ce que je connaissais de l'opération faite quelque temps avant par notre savant confrère le docteur Nélaton.

Dans ce moment, je décidai donc que je tenterais la transfusion, s'il en était encore temps et si je pouvais réunir promptement les instruments qui m'étaient indispensables et dont je n'étais pas muni, n'ayant pas prévu que je serais forcé de pratiquer seul, sans l'aide d'autres chirurgiens, une opération pareille.

Je trouvais dans la maison une petite seringue d'enfant dont je pensais pouvoir me servir et qui pouvait contenir 70 grammes de sang. Je fis préparer l'eau chaude, les vases, le linge dont je supposais avoir besoin ; je m'assurais des bonnes dispositions de la fille Faniel, voisine de la malade, qui voulut bien consentir à nous donner son sang. Toutes ses dispositions prises, je procédai à l'opération de la manière suivante :

- *Le bras droit de la malade fut étendu sur le lit dans la position de supination et fut maintenu par une femme seulement, l'état de demi-insensibilité dans lequel se trouvait celle que je devais opérer n'exigeant pas d'autres précautions ; je fis sur la veine basilique, et dans sa direction, une incision de deux centimètres, puis j'isolai complètement cette veine dans une étendue d'environ un centimètre ; je fis passer au-dessous de celle-ci un fil porté par une aiguille : ce fil devait me servir à la soulever à volonté et à la serrer légèrement sur la canule de la seringue pour éviter l'introduction de l'air au moment où la seringue serait appliquée.*
- *Je fis à la veine, dans le sens de sa direction, une ouverture d'environ un demi-centimètre, par laquelle il ne sortit que deux à trois gouttes de sang, qui coulèrent doucement sans impulsion sensible ; je fis comprimer légèrement la veine au-dessus et au-dessous de l'ouverture, d'une part pour empêcher l'introduction de l'air, de l'autre pour empêcher la sortie de quelques gouttes de sang ; immédiatement je saignai la fille Faniel : je reçus le sang dans une tasse, qui était elle-même dans un vase plein d'eau assez chaude pour lui conserver sa chaleur ordinaire, chaleur que je pouvais calculer que d'une manière approximative, n'ayant pas de thermomètre à ma disposition ; je pris rapidement la seringue qui était préparée et chauffée, de manière à ne pas modifier l'état du sang et empêcher la présence de l'air, je la remplis exactement avec le sang contenu dans la tasse ; j'appliquai le piston de la seringue, que je poussai légèrement pour m'assurer qu'il n'y avait pas d'air à l'extrémité de la canule ; j'introduisis le bout de la canule dans l'ouverture de la veine, sur laquelle je fis serrer*

légèrement le fil ; puis je poussai lentement et avec précaution dans la veine le sang qui était dans la seringue. Après avoir fait faire au piston un tiers du trajet qu'il devait parcourir pour que l'injection fût complète, une résistance subite s'opposa au mouvement en avant que j'imprimais au piston, ce qui me fit comprendre que le sang ne pénétrait plus, soit parce qu'il avait commencé à se coaguler, soit par une autre cause que je ne pus m'expliquer ; je fus en conséquence obligé de suspendre mon opération.

- *Malgré ce peu de succès, je décidai que je tenterais une nouvelle injection, puisque la première, quoique très incomplète, n'avait pas amené le moindre accident. En un instant, la seringue, remplie du sang d'une nouvelle saignée, fut introduite dans l'ouverture de la veine. Dans cette seconde tentative, je pris la précaution d'envelopper la seringue de linges constamment imbibés d'eau chaude. Cette fois je fus plus heureux ; tout le sang que contenait la seringue fut poussé dans la veine, ou à peu de chose près. J'évalue à quatre-vingt-dix grammes le sang que j'avais introduit en deux injections.*
- *L'introduction du sang ne fut suivie d'aucun accident, d'aucune crise, d'aucune secousse. J'ai constaté que, presque immédiatement après la transfusion, la respiration devint plus régulière, que la sensibilité fut plus apparente, que le pouls devint plus fort, que les dispositions à la syncope cessèrent subitement, que l'obscurcissement de la vue, qui avait été un des symptômes permanents, se dissipa rapidement. Après avoir pansé la petite plaie faite par l'introduction du sang, je m'occupai de consolider le mieux qui s'était si subitement manifesté.*
- *Je recommençai les frictions et les applications de linges chauffés ; je fis prendre de nouveau du ratanhia, du seigle ergoté, et à trois quarts d'heure du moment de l'opération, la circulation et la chaleur étaient rétablies et continuèrent à se développer. Deux heures après la malade fut tellement bien qu'elle s'endormit quelques instants, et à ce sommeil succéda un mieux inespéré qui nous annonçait la fin de la crise terrible qui m'avait effrayé, ainsi que les sept ou huit personnes qui m'ont constamment assisté.*

A partir de ce moment, la convalescence a été rapide ; le travail de la sécrétion de lait s'est fait d'une manière régulière. Dix jours après, la malade a pu se lever une heure par jour ; vingt jours après elle avait guéri complètement, et trente jours après, elle avait repris ses occupations habituelles. Il n'y a pas eu la moindre trace de phlébite à la veine par laquelle le sang a été introduit ; cependant, il a existé un petit gonflement inflammatoire aux environs de la plaie faite au pli du bras, et la cicatrisation n'a été complète que vers le vingt-cinquième jour.

Les protagonistes de cette « première » nous sont connus :

- Marie Mallet, la receveuse, née Pinardy, a 36 ans en 1851, repasseuse de son état, elle est mariée à Sébastien Mallet, boucher à Lancey ;
- Marie Joséphine Faniel, la donneuse de sang, nait à Lancey le 12 février 1828, elle épousera le 17 février 1852, Pierre Adolphe Guillon, cloutier à Domène.

Quelle motivation poussa notre praticien à s'engager dans une telle aventure, qui plus est hors environnement hospitalier ? Dépassant le sacrosaint *primum non nocere* et devant l'urgence vitale à traiter cette hémorragie incoercible par tous les moyens possible, il tenta en dernier recours une transfusion sanguine. Dans un élan que l'on qualifierait aujourd'hui de « compassionnel », il lui sembla que ce geste thérapeutique s'imposait, comme unique et ultime solution. Demanda-t-il le consentement éclairé du mari ? Peut-être. On peut penser qu'il fut au moins tacite au regard du nombre de personnes qui assistèrent et l'aidèrent lors de cette l'intervention... Si la chance sourit aux audacieux, elle guida, ce jour-là, notre dévoué médecin de campagne…

Dans les suites de son activité obstétricale, confronté à des métrorrhagies graves du post-partum, le Dr Marmonier, d'après certains articles de presse, aurait à nouveau pratiqué la transfusion une dizaine de fois en Isère. Même si, fort du succès de sa première tentative, le fait de réitérer cette intervention aurait, assez logiquement, pu se faire, aucune observation autre que celle de janvier 1851 n'est explicitement rapportée dans la littérature médicale, ni consignée dans la thèse de son fils Charles. La rigueur historique impose de ne pas tenir ces sources comme recevables… De même, la rencontre de Melchior Marmonier avec Otto Zeller, chirurgien du Tsar

Nicolas 1er, le 16 décembre 1851 au café de la Table Ronde, place Saint André à Grenoble, rapporté par Roger-Louis Lachat, relève de la « légende urbaine »[33].

Histoire de la transfusion avant 1850

L'approche scientifique de la démarche commence avec William Harvey (1578-1657) qui fit paraitre, en 1628 à Francfort, un opuscule intitulé : « *Exercitatio anatomica de motu cordis et sanguinis in animalibus* ». Il y exposait sa démonstration de la circulation du sang : allant du cœur gauche aux tissus par les artères puis retournant au cœur droit par les veines avant de traverser les poumons et revenir à son point de départ. Cette découverte, de portée considérable, allait révolutionner l'histoire des sciences biologiques, en substituant à l'immobilisme dogmatique prévalant depuis Galien, l'avènement du règne de la démonstration par la preuve (irruption des sciences expérimentales dans le champ de la médecine).

Les premiers défricheurs de la transfusion sanguine effectuèrent leurs essais dès le XVIIe siècle, essentiellement en France et en Angleterre. L'expérimentation animale précéda de peu les quelques tentatives pratiquées chez l'homme dans des indications qui nous apparaissent aujourd'hui, pour certaines, bien farfelues... Jean-Baptiste Denis (1635-1704) incarne l'image française du pionnier de l'aventure transfusionnelle. Le 15 juin 1667 il réalisa une xénotransfusion de sang de mouton à un jeune malade exsangue par saignées itératives, indiquées en traitement d'une fièvre au long cours. Le résultat thérapeutique fut jugé satisfaisant comme les trois indications suivantes. Réalisées dans l'ignorance des réalités immunologiques (en effet, les groupes sanguins ABO ne seront identifiés par Karl Landsteiner qu'en 1909 et le facteur Rhésus en 1941), elles exposaient fatalement le receveur à de multiples désagréments potentiels. La 5e tentative, qui consista en trois transfusions espacées de sang de veau, se conclut par un accident

[33] Roger-Louis Lachat, Les affiches de Grenoble et du Dauphiné, N°2877 du 27 octobre 1979

hémolytique létal, au tableau clinique spectaculaire. À la suite de ce décès, dont l'imputabilité ne souffrait aucun doute, la transfusion fut rendue impossible en France par un arrêt du Parlement (affaire Mauroy, arrêt du Chatelet en date du 17 avril 1668)[34].

Pendant près de 150 ans la pratique tombera dans l'oubli, et il faudra attendre les travaux de l'anglais James Blundell en 1818 pour réhabiliter la transfusion. Cet auteur publie dans la revue *The Lancet,* les résultats encourageants des premières transfusions interhumaines dans le cadre des hémorragies sévères du *post-partum*[35]. Faits nouveaux à prendre en compte, il restreint la technique à un don entre individus de même espèce et limite ses indications à la seule correction d'une importante spoliation sanguine. (Document iconographique XIII).

Le Pr Pierre Cyprien Orè fait paraitre en 1876 un ouvrage bien documenté : *Etudes historiques, physiologiques et cliniques sur la transfusion du sang*[36] (Document iconographique XIV). Les 192 observations de la thèse de Charles Marmonier de 1869 sont intégrées à ce travail. L'auteur y collige un total général de 535 transfusions interhumaines réalisées de 1820 à 1875 en Europe. 117 le furent dans le seul cadre de la pratique obstétricale pour métrorrhagies graves ; c'est-à-dire engageant le processus vital de la parturiente. Cette indication spécifique de la transfusion donne de très loin les meilleurs résultats (page 575). Sur les 117 transfusions tentées, il relève 77 succès pour 40 échecs dont 10 non imputables à la transfusion elle-même puisque survenus pour une tout autre cause, après un bénéfice immédiat (tableaux des pages 321 à 324). La proportion finale entre succès et échec létal s'établit respectivement à 87 contre 30. Ce ratio d'environ 3 cas pour 1, ouvre des perspectives thérapeutiques indéniables. Et le Pr Pierre Cyprien Oré de conclure : *il n'est plus permis à un accoucheur, à un chirurgien, de laisser mourir une femme de métrorrhagies sans avoir eu recours à la transfusion.*

---

[34] Jaulin P., Lefrère J.-J., Les premières transfusions sanguines en France (1667–1668), Transfusion Clinique et Biologique, 17 (2010) 205–217

[35] Blundell J, Observations on Transfusion of the Blood, (1829), Lancet 11: 321-324

[36] Orè Pierre Cyprien, Etudes historiques, physiologiques et cliniques sur la transfusion du sang, 2ème édition de 1876, JP Baillière et fils, libraires-éditeurs, Paris, p275-277

Le cas relaté par Melchior Marmonier porte le N° 56, (il est décrit pages 275 à 277). Sur les 55 observations transfusionnelles antérieures à la sienne, 48 ont été pratiquées à l'étranger (Angleterre principalement mais aussi Allemagne) contre seulement 7 réalisées en France. Le tableau joint (Document iconographique XV) résume les opérations de transfusions interhumaines de sang réalisées en France, dans le cadre de métrorrhagies cataclysmiques, de 1820 à fin janvier 1851. Le cas Melchior Marmonier représente le second succès enregistré en *post partum* (soit après accouchement).

Depuis 1820 et l'avènement d'une presse médicale relatant de cas cliniques, il est donc le 56e à réaliser une transfusion interhumaine en Europe, le 7e en France. Connaissait-il l'article fondamental compilant les travaux du chirurgien anglais James Blundell « Observations on the Transfusion of Blood » publié en 1828 dans The Lancet ? Cela parait très compliqué dans le contexte de l'époque. Par contre, il fait référence, dans son observation du 3 janvier 1851, au cas rapporté à la Société de Chirurgie, dans sa séance du 18 décembre 1850, par le professeur Auguste Nélaton, de l'hôpital Saint Louis à Paris. Ce grand praticien deviendra à partir de 1867 le chirurgien personnel de Sa Majesté l'empereur Napoléon III. Le délai, d'une quinzaine de jours seulement, entre la parution du cas parisien et la réalisation provinciale, nous interpelle sur la rapidité de diffusion des informations médicales en ce milieu de XIXe siècle !

Si sur le plan clinique le cas d'Auguste Nélaton diffère de celui de Melchior Marmonier, ce dernier s'inspire de l'acte technique de l'éminent professeur pour réaliser sa transfusion. Nélaton pratiqua de la manière suivante : *la médiane céphalique fut mise à nu, un fil passé sous elle à l'aide d'un stylet. Cette veine fut incisée obliquement de manière à avoir un petit lambeau qu'on pouvait relever avec facilité. L'extrémité d'une seringue à hydrocèle fut reçue dans l'intérieur de la veine ; le corps de cet instrument ainsi que la palette qui devait recevoir le sang furent maintenus à 35° centigrade. M Dufour, interne des hôpitaux, fournit le sang qui devait être transfusé. Dans une première injection faite lentement on fit pénétrer les deux tiers du sang contenu dans la seringue ; dans une deuxième injection faite de la même manière on en fit pénétrer environ la moitié*[37]. Les suites opératoires parisiennes, après un mieux passager, se dégradèrent et la patiente finit par succomber, au bout de trois semaines, d'une *métropéritonite puerpérale*.

De tout ce qui précède, on ne saurait tenir le Dr Melchior Marmonier pour le « père » *stricto sensu* de la transfusion sanguine en France. Mais il le fut assurément en Dauphiné et plus encore en Grésivaudan !... Dans son cas, les vocables « promoteur » ou « vulgarisateur » paraissent plus appropriés. Cela n'enlève rien à l'audace ni à la pertinence de son geste. Son vrai mérite est d'avoir tenté et réussi cet acte médico-chirurgical en dehors du milieu hospitalier avec des moyens de fortune. Pour risquer avec une chance acceptable de réussite un acte médico-chirurgical quasiment expérimental, il convenait d'en porter la juste indication et d'en posséder la maitrise technique. Son passé de chirurgien militaire de terrain lui fut certainement d'une aide précieuse.

Le Pr Pierre Cyprien Orè rapporte ainsi, à la fin de l'observation « 56 », les propos de MM Dechambre et Diday au sujet du Dr Marmonier : *Sa conduite aura surtout le grand avantage d'inspirer aux praticiens une confiance dont ils manquaient. Dans l'opinion publique, la transfusion du sang, pour réussir, pour n'être pas dangereuse, nécessitait une dextérité toute spéciale, un appareil médical compliqué, des aides instruits. Et bien ! en la voyant exécutée à la campagne, par un médecin dont c'est le premier titre à l'illustration, sans autre instrument que ceux de sa trousse, sans autre auxiliaire que des villageois inexpérimentés, les praticiens, je n'en doute pas, reprendront courage, et M. Marmonier aura mieux mérité de la science qu'il ne l'espérait peut-être lui-même, par l'exemple plein de hardiesse et de circonspection qu'il lui a été donné de fournir.*

---

[37] Nélaton Auguste, Gazette des hôpitaux civils et militaires, 14 janvier 1851, tome 24, Paris

La vision moderne de cette observation

L'hémorragie du post-partum, définie aujourd'hui par un saignement de plus de 500 ml dans les 24 heures qui suivent l'accouchement, représente une affection gravissime engageant rapidement le pronostic vital de femmes jeunes. Elle était responsable, en 1999, de 25 % des 600 000 décès maternels dans le monde. Atonie utérine, rétention placentaire, anomalies de l'insertion placentaire, rupture utérine en constituent les principales causes.

Dans l'observation rapportée par le Dr Marmonier, on peut évoquer deux hypothèses susceptibles d'expliquer l'amélioration clinique de sa patiente après transfusion de 90 grammes de sang frais :

- Le rétablissement partiel de la masse sanguine, d'une part ;
- Une supplémentation exogène en fibrinogène et plaquettes de nature à corriger une coagulation intravasculaire disséminée modérée, d'autre part.

En effet, nombre de pathologies gravidopuerpérales, comme l'hématome rétroplacentaire, l'embolie amniotique ou la mort fœtale in utero, s'accompagnent volontiers d'une coagulopathie de consommation[38, 39].

Si, comme pour Marie Mallet, une primo-transfusion (c'est-à-dire unique, à jamais reconduite) était faite au hasard, sans tenir compte des groupes sanguins ABO et du facteur Rhésus, près des deux tiers d'entre elles se passeraient sans incidents réellement dommageables. Mais aujourd'hui la sécurité transfusionnelle oblige à respecter une double démarche préventive : s'assurer de la compatibilité immunologique du produit et éliminer tout potentiel infectieux. Certaines prises de risques jadis acceptées par ignorance ne

[38] Ducloy-Bouthors A.-S. et al., *Prise en charge d'une hémorragie du post-partum*, Société de réanimation de langue française, 2007, Elsevier Masson éd.
[39] *Recommandations pour la pratique clinique, Hémorragies du post-partum immédiat*, J Gynecol Obstet Biol Reprod/Volume 33, supplément au n° 8, 2004

le sont heureusement plus. La pratique des transfuseurs du XIXe siècle se trouverait hautement condamnable en regard de la loi sur l'hémovigilance, loi N° 93-5 du 04 janvier 1993, et des différents textes réglementaires et médicotechniques s'y référant.

N° 32. — MARDI 18 MARS 1851 (24e ANNÉE) N° 32. — MARDI 18 MARS 1851

La Lancette Française,

GAZETTE DES HOPITAUX

CIVILS ET MILITAIRES.

Paris, le 17 mars 1851

HOPITAL NECKER.

FEUILLETON.

COURRIER DU MONDE MÉDICAL.

Document iconographique XII

Article de la Gazette des Hôpitaux relatant la transfusion réalisée le 3 janvier 1851

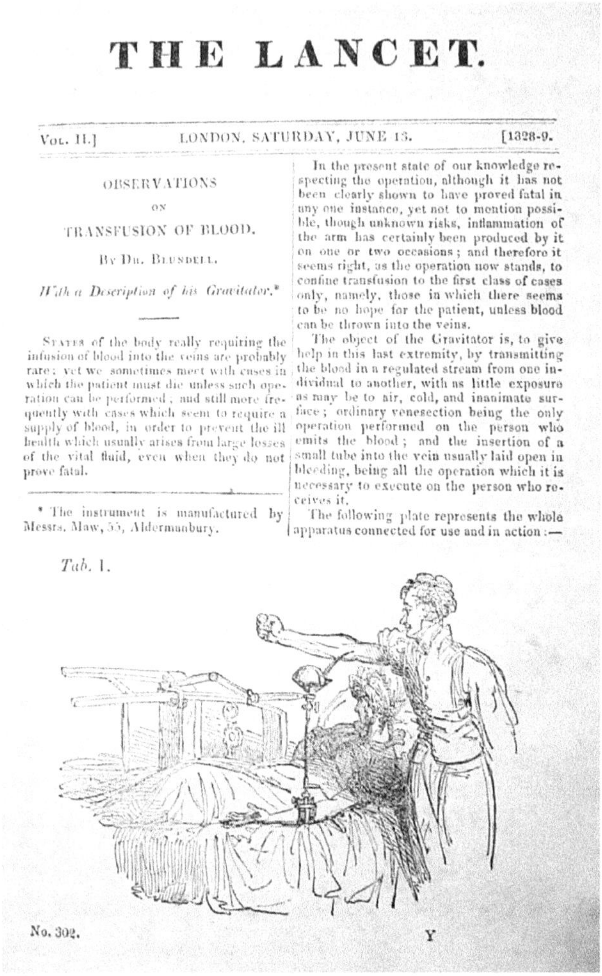

THE LANCET.

Vol. II.] LONDON, SATURDAY, JUNE 13. [1828-9.

OBSERVATIONS
ON
TRANSFUSION OF BLOOD.

By Dr. Blusdell.

*With a Description of his Gravitator.**

States of the body really requiring the infusion of blood into the veins are probably rare; yet we sometimes meet with cases in which the patient must die unless such operation can be performed; and still more frequently with cases which seem to require a supply of blood, in order to prevent the ill health which usually arises from large losses of the vital fluid, even when they do not prove fatal.

In the present state of our knowledge respecting the operation, although it has not been clearly shown to have proved fatal in any one instance, yet not to mention possible, though unknown risks, inflammation of the arm has certainly been produced by it on one or two occasions; and therefore it seems right, as the operation now stands, to confine transfusion to the first class of cases only, namely, those in which there seems to be no hope for the patient, unless blood can be thrown into the veins.

The object of the Gravitator is, to give help in this last extremity, by transmitting the blood in a regulated stream from one individual to another, with as little exposure as may be to air, cold, and inanimate surface; ordinary venesection being the only operation performed on the person who emits the blood; and the insertion of a small tube into the vein usually laid open in bleeding, being all the operation which it is necessary to execute on the person who receives it.

The following plate represents the whole apparatus connected for use and in action :—

* The instrument is manufactured by Messrs. Maw, 55, Aldermanbury.

Tab. 1.

No. 302. Y

Document iconographique XIII

Article de Blundell dans The Lancet de 1828

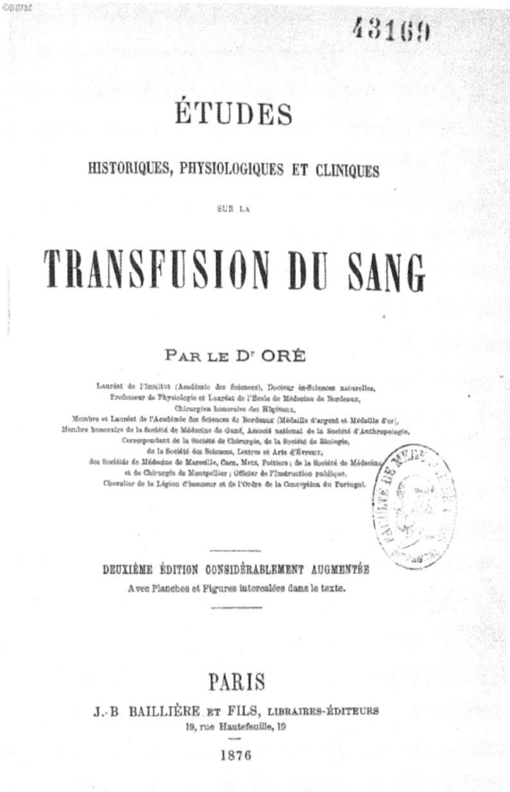

ÉTUDES

HISTORIQUES, PHYSIOLOGIQUES ET CLINIQUES

SUR LA

TRANSFUSION DU SANG

PAR LE Dr ORÉ

Lauréat de l'Institut (Académie des Sciences), Docteur ès-Sciences naturelles,
Professeur de Physiologie et Lauréat de l'École de Médecine de Bordeaux,
Chirurgien honoraire des Hôpitaux,
Membre et Lauréat de l'Académie des Sciences de Bordeaux (Médaille d'argent et Médaille d'or),
Membre honoraire de la Société de Médecine de Gand, Associé national de la Société d'Anthropologie,
Correspondant de la Société de Chirurgie, de la Société de Biologie,
de la Société des Sciences, Lettres et Arts d'Évreux,
des Sociétés de Médecine de Marseille, Caen, Metz, Poitiers ; de la Société de Médecine
et de Chirurgie de Montpellier ; Officier de l'Instruction publique,
Chevalier de la Légion d'honneur et de l'Ordre de la Conception du Portugal.

DEUXIÈME ÉDITION CONSIDÉRABLEMENT AUGMENTÉE
Avec Planches et Figures intercalées dans le texte.

PARIS
J.-B BAILLIÈRE ET FILS, LIBRAIRES-ÉDITEURS
19, rue Hautefeuille, 19

1876

Document iconographique XIV

Ouvrage du Pr Cyprien Oré de Bordeaux sur la transfusion du sang
2e édition de 1876

Tableau résumant les opérations de transfusions interhumaines de sang réalisées en France dans le cas de métrorrhagies de 1820 à fin janvier 1851							
N° Observation	**Année**	**Auteurs**	**Avant accouchement**	**Après accouchement**	**Succès**	**Echec**	**Remarques**
1	**1828**	**Clément**	oui		oui		Avortement
2	**1829**	**Savy**	oui		oui		Hémorragie utérine pendant la grossesse
3	**1831**	**Internes Hôtel-Dieu**		oui		oui	Insertion vicieuse du placenta (hémorragies récidivantes antérieures)
4	**1832**	**Crosse**		oui		oui	Insertion vicieuse du placenta (hémorragies récidivantes antérieures)
5	**1841**	**Richard Olivier**		oui	oui		Hémorragie post-partum
6	**1850**	**Nélaton**		oui		oui	Non imputable : métro-péritonite à 21 jours
7	**1851**	**Marmonier**		oui	oui		Hémorragie post-partum
D'après PC Oré (tableau des pages 321 et 322) opus cité							

Document iconographique XV

Etat des lieux de la transfusion sanguine en France avant 1851 en obstétrique

V

L'entrepreneur, associé d'Aristide Bergès

La période 1840-1870 marque en France un tournant crucial dans l'essor de l'industrie. Plusieurs facteurs importants se conjuguent pour expliquer cette transformation : les progrès technologiques en matière de production d'énergie et ceux touchant aux transports, l'équilibre monétaire et l'offre bancaire, la stabilité politique, l'acceptation d'une économie de marché.

En 1841 le Grésivaudan comptait une population dont la densité avoisinait 125 habitants par km^2 de surface exploitable, presque uniquement occupée aux travaux des champs. Le morcellement des terres et la polyculture sous-tendaient ce modèle d'organisation agricole. Progressivement la demande en papier relance d'anciennes installations alors que périclite la production du chanvre et de la soie, remplacés par le coton[40].

[40] Denise Bacconnet : *L'industrialisation d'une grande vallée alpestre et ses répercussions démographiques et rurales : Le Grésivaudan*, Revue de Géographie Alpine, 1956, 44-1, pp. 99-166

La mutation industrielle s'amorce, inexorable. Au milieu du Second Empire, le Dauphiné parvient à se hisser en tête des régions productrices de pâte à papier et de cartonnage[41]. Le département de l'Isère, à lui seul, concentre 8 machines à papier, regroupées pour l'essentiel aux pieds du massif de Belledonne, dans les vallées du Grésivaudan, du Bréda et de la Romanche.

Melchior Marmonier, esprit novateur et soucieux d'assurer à sa famille des revenus autres que « médicaux », s'intéressa assez tôt, au rôle qu'il pouvait jouer dans le développement industriel du Grésivaudan. Il décida en 1858 d'investir dans le secteur minier. Par décret impérial en date du 10 février de cette année, il acquit une concession d'exploitation des mines d'anthracite de la Boutière[42, 43] (Document iconographique XVI). Cette concession, à cheval sur les communes de Laval et de Sainte Agnès, couvrait 513 hectares flanqués sur les contreforts de Belledonne. Dans cette aventure il est associé à Odon Bouvier –maître de forges à Chambon-Feugerolles, dans la Loire- et Joseph Ballefin -un propriétaire-rentier, domicilié lui aussi à Chambon-. Le véritable maitre d'œuvre s'avère Bouvier, Marmonier et Ballefin agissent en qualité de bailleurs de fonds.

Le charbon ainsi extrait devait selon toute logique alimenter les centres métallurgiques locaux d'Allevard, du Pinsot ou de Saint-Vincent de Mercuze. La coopération se maintint entre les associés jusqu'en 1867, date du décès d'Odon Bouvier et de la liquidation corolaire de son commerce. Le 4 mars, Melchior Marmonier désireux de faire cesser l'indivision, assigna Ballefin et le liquidateur de la succession Bouvier devant le Tribunal Civil de Grenoble. L'arrêt du 31 août 1867 stipula que les mines de la Boutière seraient vendues aux enchères publiques. La vente de ces mines, constituant un lot unique d'une valeur estimée de 1.000 francs, s'effectua le 2 décembre courant en l'étude de Me Recoura de Domène. Melchior Marmonier s'en porta acquéreur pour 1.025 francs, avec obligation de les garder pendant

---

[41] Spillemaeker Chantal et André Louis, Papetiers des Alpes, Grenoble, Musée Dauphinois, 2005, 160 p

[42] Archives nationales, inventaire, concessions de mines de charbon, N° 969 ISERE - La BOUTIERE - Société Minière CARVIN. 1858

[43] Mines ParisTech, Bibliothèque nationale du patrimoine, Annales des Mines, 1858, série 5, volume 7, partie administrative, p7 à 9

quelques années. En mars 1879, il donnera procuration à Louis Wagner de Grenoble pour les vendre au meilleur prix.

Dans le même esprit, le 4 janvier 1869, il a pris une option d'achat sur le moulin du meunier Claude Chourot, vieux battoir à chanvre en piteux état, situé dans la combe de Lancey et de ses droits sur la chute d'eau afférente. Cette démarche va se révéler cruciale pour la suite des évènements.

En 1865, Aristide Bergès, jeune ingénieur ambitieux, diplômé de l'Ecole Centrale des Arts et Manufactures de Paris, alors âgé de 32 ans, quitte la petite papèterie familiale de Lorp en Ariège, jugeant son père, trop attaché à la routine. Il pensait légitimement pouvoir travailler dans l'entreprise familiale après son implication dans des travaux de rénovation courant 1863. Une mésentente grandissante avec son géniteur, portant sur la stratégie industrielle à adopter, ne le permet plus. Il faut dire que la relation père-fils s'était grandement détériorée au fil des ans ; Pierre Bergès, le patriarche, ayant dû renflouer diverses dettes contractées par Aristide lors de projets hasardeux.

Dans ses bagages, il emporte le brevet d'un défibreur à pression hydraulique, déposé en 1864, qui devrait rendre obsolète l'appareil de Voelter alors majoritairement en service dans l'industrie papetière. En 1867, il présente sa découverte sur un stand de l'Exposition Universelle de Paris.

C'est là qu'il rencontre Amable Matussière, papetier à Domène depuis 1858, qui déambulait dans les allées et qui manifeste immédiatement un grand intérêt pour son invention. Il lui achète plusieurs défibreurs et lui demande de venir en Grésivaudan pour surveiller leur montage. Amable Matussière, qui a connu quelques déboires dans la vente des bois de sa scierie, s'est en effet installé papetier industriel, au sortir de la combe du Doménon. Deux défibreurs Voelter, alimentés par une chute de 35 mètres, lui fournissent déjà une puissance de 400 CV afin de fabriquer sa pâte mécanique.

Arrivé en Dauphiné, [courant 1868]*, Bergès contemple le pays, comprend les possibilités qu'il offre pour l'industrie du papier qu'il veut construire sur de nouvelles bases... C'est là qu'il entend* *s'implanter, là qu'il va fonder lui aussi sa fabrique de pâte à papier juste au débouché du ruisseau de la Combe dans la vallée. La conjonction de l'approvisionnement en bois et de la force motrice hydraulique constitue l'essentiel de son projet*[44]. De plus, la présence toute proche de la voie de chemin de fer Grenoble-Annecy, inaugurée en 1863 par la société du PLM (Paris-Lyon-Méditerranée), lui fournira un moyen de transport idéal. Son rêve de produire un papier si bon marché qu'il mettrait : *le livre à un franc le kilo*, pouvait enfin se concrétiser.

Matussière lui fit part de ses projets industriels à Brignoud, en association avec Alfred Frédet et Jean-Baptiste Neyret, ainsi que du site remarquable de la Combe à Lancey. Résolu à s'installer définitivement en Grésivaudan, Bergès s'apprête à coopérer avec lui quand il fait la connaissance du Docteur Marmonier lors d'une réunion du « Cercle de Domène[45] » fin octobre 1868. Ce dernier, intéressé par ses idées, constate qu'ils partagent les mêmes affinités politiques, celles du parti républicain, de centre gauche et anticlérical[46]. Le courant passe entre les deux hommes. Délaissant Matussière, Bergès s'allie avec Marmonier. Leur coopération n'est peut-être pas exempte d'arrière-pensées. Marmonier, au plan local, s'opposait politiquement à Matussière, réactionnaire bon teint. Bergès en s'associant à Marmonier s'émancipait de la tutelle d'un industriel installé et se rendait plus libre de ses ambitions. Ainsi naquit une association qu'on pourrait qualifier aujourd'hui de type « gagnant-gagnant »...

Lors de discussions en décembre 1868, Melchior Marmonier fait part à Bergès de son intention d'équiper le ruisseau de Laval pour alimenter une activité de pâte à bois sur sa concession de la Boutière. Ce dernier l'en dissuade en raison du faible débit du torrent et de l'extrême éloignement de cette potentielle implantation, sise sur les

---

[44] Louis Vadot, Histoire énergétique du ruisseau de la Combe de Lancey, Le Monde alpin et rhodanien. Revue régionale d'ethnologie, n°3-4/1987. Industrie, techniques et patrimoine, sous la direction de Jean Guibal et Jacques Vallerant, p. 76-81

[45] Le « Cercle de Domène » : groupe influent de notables doménois à connotation franc-maçonne dont il sera question au chapitre VI

[46] Paul Dreyfus, La vie quotidienne en Dauphiné sous la IIIe République, Hachette littérature, 1974, p 15-16

hauts du balcon de Belledonne à 900 m d'altitude. Le 9 janvier 1869, ayant intégré ces précieux conseils et persévérant dans son idée, le médecin fait découvrir à l'ingénieur son récent site de Lancey. Il lui demande alors de réfléchir à la transformation du vieux moulin Chourot en fabrique de pâte à bois équipée d'un de ses défibreurs.

Le ruisseau de Lancey, comme tous les torrents de montagne, présente un débit très irrégulier, variant du simple au décuple (Documents iconographiques XVII et XVIII : carte et profil joints). Rythmé par les orages en été et au début de l'automne, il se gonfle de la fonte des neiges au printemps (montant à 2 m^3/s) pour chuter à 150 litres par seconde en hiver. Ce handicap obligera Bergès à relever la hauteur de chute et à chercher des réservoirs lacustres en amont, susceptibles de réguler le cours d'eau tout au long de l'année (lacs du Crozet et de la Grande Sitre)[47].

Melchior Marmonier ne se lance pas dans l'inconnu, il a l'assurance que Charles Romanet et Jules Senequier-Crozet, papetiers à Domène, sont disposés à lui acheter sa pâte de bois. Ceux-ci prospectent différents fournisseurs potentiels afin de ne plus dépendre exclusivement des apports de la râperie de Matussière qui la leur facture 38 francs le quintal. Ils entendent ainsi faire baisser le coût de la matière première par une mise en concurrence.

Aristide Bergès croit immédiatement au projet et se met à l'étude. Il écrit à ce propos : *Après avoir constaté avec le docteur qu'il fallait établir une chute de 200 mètres de hauteur par suite de la meilleure convenance des lieux, sauf à ne l'utiliser que pour partie de hauteur au moyen de tuyaux, et reconnu indispensable l'achat complémentaire de trois autres moulins de Chourot ; nous convînmes que devant la dépense de ce projet agrandi qui dépassait les forces financières de M. Marmonier, nous ferions le travail par moitié, et comme la difficulté de gestion était presque nulle, nous ne fîmes qu'une société civile qu'il devait gérer seul*[48].

---

[47] Vadot Louis, Histoire énergétique du ruisseau de la Combe de Lancey, Le Monde alpin et rhodanien. Revue régionale d'ethnologie, 1987, p 69

[48] André Louis, Aristide Bergès une vie d'innovateur, PUG, 2013, p 89

Dès lors les évènements s'accélèrent. Mi-janvier 1869, Melchior signe un protocole d'accord avec les deux papetiers doménois. Ce contrat prévoit la fourniture de 12 à 20 tonnes de pâte de bois, au prix de 31 francs le quintal, pendant une période de 6 ans à compter du démarrage de la production. Aristide contresigne le document en confirmation de son implication au projet. Marmonier signe un second contrat le 21 janvier avec l'entreprise de terrassement Hubert, père et fils de Lancey, pour la réalisation dans les trois mois d'un canal d'amenée supérieur jusqu'à la chambre d'eau d'où partira la conduite. Celle-ci s'abouchera non loin de l'ancien martinet, juste sous le pont du petit chemin qui conduit de Montacol aux Carrillières. La fabrique, elle, sera installée au pied même de la gorge, 200 mètres en contrebas.

Le montage de la société civile Marmonier-Bergès[49], sous la raison sociale « Usine des pâtes à papier de Lancey », entérinée par un acte sous seing privé en date du 29 avril 1869 et prévue pour une durée de 10 ans, s'établissait comme suit. Le médecin apportait en propriété le moulin Chourot, les droits fonciers inhérents à la chute et l'engagement d'achat de pâte de bois par la Papèterie de la Gorge de Romanet et Senequier-Crozet. L'ingénieur, lui, se chargeait de l'achat de deux défibreurs à bois ainsi que leur moteur capable de fournir 200 chevaux et prenait à son compte toute la partie technique du projet. Au total chacun des associés-cogérants mettait 40.000 francs dans l'affaire, assortis de 2 fois 10.000 francs en liquide pour financer les premiers travaux.

Les difficultés techniques inhérentes à la construction de ce genre d'ouvrage s'avèrent importantes. La région grenobloise ne dispose pas encore d'usines de construction mécanique susceptibles de produire simplement une conduite forcée de 450 mètres et une turbine acceptant la pression d'une colonne d'eau de 200 mètres de haut.

Cette hauteur de 200 mètres, inquiétait Marmonier qui aurait préféré la limiter à 80. Le 5 mars il écrit à Bergès : *Je tiens note de vos recommandations pour les tuyaux, mais avant de commander ces tuyaux, je désire réponse à ma dernière lettre sur l'utilité de diviser la*

---

[49] AD 38, 11 U 417 - Tribunal de commerce de Grenoble, actes de sociétés, dépôt du 5 mai 1869

chute en deux tuyaux car tout le monde est effrayé de cette formidable pression dans un seul tuyau[50]. Mi-juillet 1869 cependant, 50 mètres de tuyaux de la conduite sont posés et les deux défibreurs installés dans l'usine en contrebas. Les chaudronniers Guillet et Faure, maitres d'œuvre, sous-traitent avec Joya pour le cintrage et le rivetage des tuyaux de 40 centimètres de diamètre et 1 centimètre d'épaisseur. La portion terminale, stratégique, bénéficie du savoir-faire des ateliers Imbert à Saint Chamond. Le chantier se termine en septembre. La conduite accuse un poids total de 111 tonnes. Ce sera la seconde plus haute chute du Dauphiné et pour longtemps[51]...

L'acheminement des pièces sur le chantier n'est pas de tout repos comme s'en plaint le médecin à l'ingénieur par courrier en date du 9 mai 1869 : *Un peu plus et nos tuyaux restaient en route. L'ignoble Matussière s'est accroché avec M. Guillet pour l'engager à ne pas faire nos tuyaux lui disant que notre affaire ne marcherait pas, enfin que nous ne paierions pas. M. Guillet n'a pas donné beaucoup d'attention à cela et a continué la fabrication des tuyaux ; mais Matussière ne s'est pas tenu pour battu il s'est alors adressé à Faure... pour presser plus fortement sur eux Matussière a offert à ces messieurs 3.000 francs pour les engager à demander à la résiliation du marché et a offert de se charger de tous les frais de procès et s'engageait à prendre tous les tuyaux pour Brignoud (infamie)*[52]....

S'agissant de la turbine, Bergès se tourne vers le neveu de Benoît Fourneyron, centralien de sa promotion. Celui-ci lui propose une turbine de type centrifuge à admission totale, mal adaptée à l'entraînement d'un défibreur et assez onéreuse. Aristide lui préfère une turbine plus simple du type Girard à jet libre et alimentation partielle, qu'il commande auprès de Casimir Brenier un petit constructeur de La Tronche[53].

---

[50] AMHB, 2 C 6 : Lettres de Marmonier à Bergès

[51] Bouchayer François, Les pionniers de la Houille Blanche et de l'électricité, Dalloz-Paris, 1954, p28-29

[52] AMHB, 2C6, Lettres de Marmonier à Bergès

[53] Vadot Louis, Histoire énergétique du ruisseau de la Combe de Lancey, Le Monde alpin et rhodanien. Revue régionale d'ethnologie, 1987, p 77

La réussite technique de l'entreprise ne doit pas occulter les difficultés financières. Melchior s'effraye sérieusement de la situation. Face au manque de liquidités, le 27 août 1869, ils souscrivent solidairement une obligation de 11.000 francs auprès de Pierre Bergès. Le 24 décembre de la même année, ils récidivent auprès de Guillet et Faure, chaudronniers, pour une somme de 38.000 francs. Le remboursement s'effectuera par échéances mensuelles de 2.000 puis 3.000 francs jusqu'à effacement de la dette, prévue en février 1871. En contrepartie ils consentent une hypothèque sur leur usine et Melchior Marmonier sur sa maison de Domène[54].

La mise en eau de la turbine s'effectue le 29 septembre 1869, soit 7 mois seulement après le début des travaux du bâtiment de la râperie, de la fabrication et la pose de la conduite forcée. Dans le contexte de l'époque ce délai tient de l'exploit. Bergès retenu à l'usine Barthier de Mazères en Ariège, pour des activités de conseil, n'est pas présent. L'activité de râperie commence sans attendre malgré quelques aléas de montée en charge. Un rapport en date du 19 octobre indique que 700 kg de pâte à papier sortent de l'usine par jour. Dès 1870, l'usine de Lancey emploie 2 ouvriers pour la conduite des machines et 14 manœuvres affairés à la coupe et au débardage du bois. Les défibreurs fonctionnent 24 heures sur 24 et 7 jours sur 7.

Dans les premiers mois de 1870, la papèterie de la Gorge à Domène, se débat dans de sérieuses difficultés financières. Six mois après l'inauguration de leur usine de Lancey, Melchior et Aristide, surendettés, assistent impuissants à l'agonie industrielle de leur principal acheteur. Pire, Amable Matussière, concurrent direct, se pose en repreneur potentiel de la papèterie, leur interdisant *de facto* tout espoir de débouché ultérieur. Dans cette ambiance délétère, l'entente entre associés s'avère tendue[55]. Peu rodé à suivre le développement d'un chantier durant les absences de Bergès, Melchior Marmonier doit aussi régler au quotidien les demandes des entrepreneurs et gérer les relances de factures. Ces activités s'ajoutent à sa charge déjà bien remplie de médecin de campagne. La première dissension importante se produit en mars 1870 quand Bergès lui demande d'effectuer un

[54] 54 AD 38, 3E 29954

[55] André Louis : *Aristide Bergès, une vie d'innovateur : De la papeterie à la houille blanche*, PUG, 2014, p 105

versement de 6.000 francs pour régler des échéances exceptionnelles. Plus que jamais Marmonier craint la faillite et en vient à critiquer l'aventurisme de Bergès. Il sait ses revenus non extensibles. Il a déjà dû beaucoup emprunter, hypothéquant par là même jusqu'à sa résidence domènoise.

D'un commun accord, les associés désignent un expert amiable en la personne du comptable Barcellon. Celui-ci rend son arbitrage en mai 1870. Melchior Marmonier se retire et la société devient Bergès et Cie. Elle ne compte plus désormais qu'un seul gérant. Au terme de l'accord le médecin percevra un intérêt de 6% sur la valeur de son investissement de départ ainsi que le quart des bénéfices pendant une durée de 4 ans. Passée cette date, son apport financier lui sera remboursé en 4 annuités. Pour cause de guerre, la société ne sera officiellement dissoute que le 18 avril 1871 par acte passé devant notaire le 18 juillet suivant. Une obligation hypothécaire consentie par Bergès à Marmonier d'un montant de 30.000 francs pour solde de son compte sera avalisée le 21 courant[56].

Ainsi s'achevait une coopération que l'on saurait au final qualifier d'aléatoire, entre un médecin de campagne, Melchior Marmonier, et un ingénieur-entrepreneur, Aristide Bergès. Ce dernier pourra compter sur Le Vicomte de Montchenu, son obligé dans l'affaire de la papèterie de la Gorge, qui lui avancera 40.000 francs pour assainir son affaire et lui permettre de poursuivre une aventure industrielle. Notre médecin, lui, retournera à ses patients et ne s'intéressera plus jamais au métier d'entrepreneur…

En lui faisant connaitre le site du ruisseau de Lancey et en lui apportant biens fonciers et capitaux, Melchior Marmonier a indubitablement permis l'amorce de l'envol d'Aristide Bergès. De culture et d'âge différents (57 ans et 37 ans respectivement au moment des faits), leur association n'a pas survécu aux graves difficultés financières rencontrées à la phase de stabilisation de leur société. Marmonier recherchait un complément financier à son exercice médical alors que Bergès jouait son avenir d'industriel. Pour le médecin qui n'envisagea jamais d'endosser le costume de patron, cette aventure entrepreneuriale chaotique devenait trop lourde à porter.

[56] AD 38, 3E 8255 (actes des 18 et 21 juillet 1871)

Désormais seul à la tête de son entreprise, l'ingénieur se fixera définitivement en Grésivaudan, où sa femme et ses enfants viendront le rejoindre, rompant définitivement avec son père et son Ariège natale. Aristide Bergès continuera d'y développer son activité papetière et aura bientôt l'idée de transformer la force hydraulique des hautes chutes en électricité, inventant ainsi le concept de « houille blanche ».

... ne pourra établir des usines pour la préparation mécanique ou le traitement minéralurgique des produits de ses usines, qu'après avoir obtenu une permission à cet effet dans les formes déterminées par les articles 73 et suivants de la loi du 21 avril 1810.

Décret impérial du 10 février 1858, qui accorde aux sieurs Melchior-Joseph Marmonier, Odon Bouvier *et* Joseph Ballefin *la concession de mines d'anthracite situées dans les communes de* Sainte-Agnès *et de* Laval, *arrondissement de* Grenoble (Isère). Mines d'anthracite de la Boutière.

(Extrait.)

Art. 2. Cette concession, qui prendra le nom de *Concession de la Boutière*, est limitée, conformément au plan annexé au présent décret, ainsi qu'il suit, savoir :

Document iconographique XVI

Mines d'anthracite de la Boutière

1. Concession des mines d'anthracite (en haut)
2. Photographie de la galerie d'accès en 1923 (en bas)

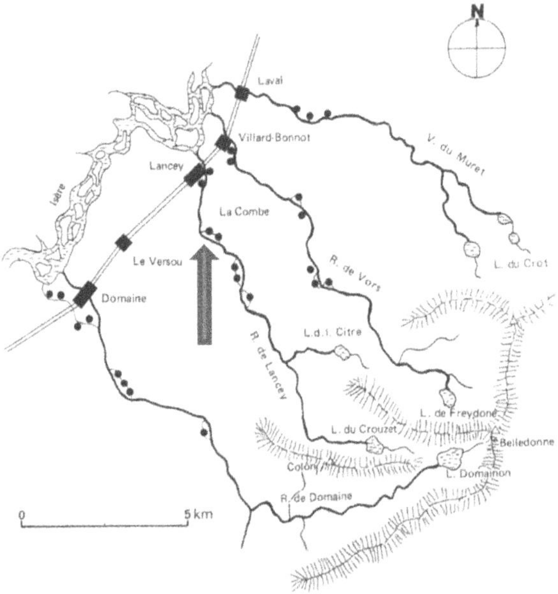

Document iconographique XVII

Le ruisseau de Lancey (1)

Implantation des anciens artifices d'après la carte de Cassini du XVIII (Feuille 150)

La flèche indique la localisation de la prise d'eau

Histoire énergétique du ruisseau de la Combe de Lancey,
Louis Vadot, *Le Monde alpin et rhodanien. Revue régionale d'ethnologie,* 1987, p 69

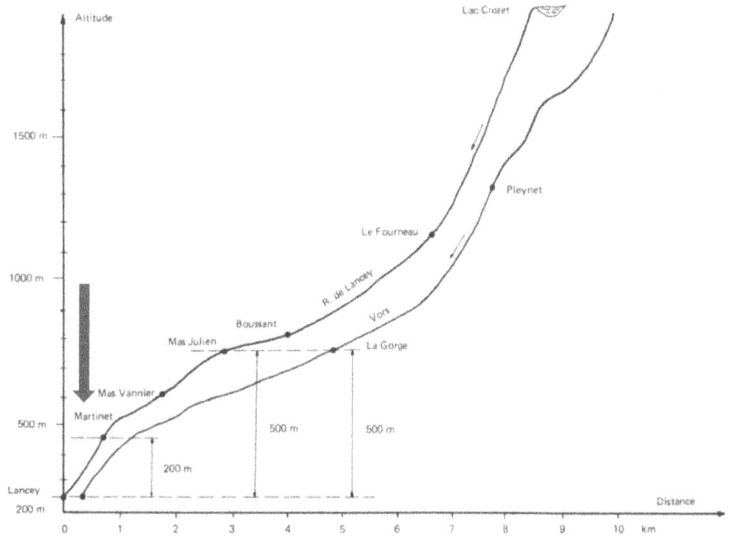

Document iconographique XVIII

Le ruisseau de Lancey (2)

Profil en long des ruisseaux de la Combe et de Saint-Mury

Le lieu-dit Martinet indique la prise d'eau de la chute Bergès-Marmonier
Histoire énergétique du ruisseau de la Combe de Lancey,
Louis Vadot, *Le Monde alpin et rhodanien. Revue régionale d'ethnologie,* 1987, p 69

VI

Le notable de Domène

Les promesses de la médecine expérimentale, initiée par Claude Bernard (1813-1878), les découvertes de Louis Pasteur et les postulats de Robert Koch (1884), stipulant qu'un microbe donné engendrait une maladie infectieuse spécifique, confortèrent les praticiens du XIXe siècle dans leur « foi scientiste ». De symptomatique et trop souvent contemplative, la médecine privilégiait désormais la recherche des causes (l'étiologie), conduisant à une thérapeutique adaptée, sinon encore très efficace. Cette confiance dans les progrès de la science, si elle les rapprochait des nouveaux industriels, des enseignants et des clercs laïcs, les éloignait d'un clergé, resté majoritairement conservateur et jugé coupable de rétention des avancées scientifiques. Le corps médical détenait alors le plus fort contingent d'agnostiques voire d'athées parmi les différentes professions libérales. Les médecins avaient pour attitude : *de patienter avec le curé et de collaborer avec le maire et l'instituteur*[57].

Cette collaboration, volontiers laïque et républicaine, pouvait prendre diverses formes. Pour Melchior Marmonier, elle s'incarnera

[57] Léonard Jacques, La France médicale au XIXe siècle, Collections archives (N°73), Gallimard, 1978, 288 p

dans un club local, baptisé : « le Cercle de Domène ». Un « Hôtel et Café du Cercle », propriété de M Bellon, existait à cette époque, centre bourg, à l'angle de la Grand 'Rue et du pont sur le Doménon (Document iconographique XIX). Peut-être que le groupe d'affiliés qui s'y réunissait, lui prit ou plutôt lui donna son nom. Le Cercle formait une assemblée restreinte de notables locaux cooptés, et exerçait sur la vie communale, une assez solide emprise politique, économique et philosophique. Parmi eux siégeaient : des membres du Conseil Municipal, des grands propriétaires, le Juge de paix cantonal, le notaire Me Recoura et des industriels de la papèterie et de la houille blanche naissante, comme Aristide Bergès ou Amable Matussière. Notre médecin y entra comme simple membre pour être ensuite porté à la Présidence de ce groupe d'influence. Lors de réunions à huis clos se débattaient : concepts philosophiques ou idées politiques, et se décidaient les grands projets économiques concernant le Moyen-Grésivaudan. Homme-pivot du Cercle de Domène, le notaire actait ensuite, dans la légalité de son étude, les opérations foncières, financières ou industrielles qui s'y concoctaient.

Dans l'impartial Dauphinois du 28 août 1863 on peut lire que les membres du Cercle ont répondu à une souscription en faveur de la Pologne. Jamais en reste, Melchior Marmonier, premier sur la liste, donna 5 francs, imité en cela par Me Recoura (Document iconographique XX).

Pendant la guerre de 1870-1871, outre son rôle de président et organisateur des ambulances sédentaires et mobiles de la vallée du Grésivaudan, le Dr Marmonier s'impliqua, en qualité d'officier principal de la garde nationale sédentaire, dans la mobilisation des gardes du canton de Domène. Après la capitulation de Napoléon III à Sedan le 2 septembre, le général Trochu, chef du Gouvernement de la Défense nationale, et Léon Gambetta, ministre de l'Intérieur et de la Guerre, tentèrent de restructurer ce qu'il restait des armées françaises en déroute pour tenter de renverser la situation. L'organisation de la défense nationale se fit autour de onze camps régionaux dont Les Alpines. C'est à l'occasion de ce regroupement qu'il interviendra mi-décembre 1870.

Le 14 de ce mois, les gardes nationaux mobilisés du canton de Domène ont quitté cette localité pour rejoindre leur légion à Grenoble. La compagnie des pompiers et les officiers de la garde nationale sédentaire les ont accompagnés jusqu'à Gières. Au moment de se séparer, M le Dr Marmonier père leur a adressé les paroles suivantes, écoutées au milieu d'une émotion générale :

Mobilisés du canton de Domène,

Vos compatriotes viennent de vous faire un solennel adieu et vous exprimer les vœux ardents qu'ils forment pour le succès de la cause que vous allez défendre : la nationalité française et la République. Quoique combattant loin de vos foyers, ce sont vos familles et vos biens que vous soustrayez au pillage d'un ennemi barbare et impitoyable. Ne l'oubliez pas. Nous n'avons pas besoin de vous exhorter. Nous sommes persuadés d'avance que vous montrerez toujours cette énergie et ce mâle courage qui ont jusqu'ici distingué les Dauphinois.

Partez avec confiance ! Nous vous attendons pour vous recevoir victorieux ; notre pensée vous suivra constamment sur les lieux où vous allez vous signaler par votre vaillance. Adieu donc, et au revoir[58].

Bien que Melchior Marmonier fut assez tôt un personnage important de son canton, il n'entra que tardivement et timidement dans la vie politique doménoise. Peut-être, attendait-il que le poids des ans ne l'obligeât à réduire son activité médicale et lui laissât un peu de temps libre ? Pourtant sous la IIIe république, la médecine traçait un chemin vers la politique et la politique s'avérait un moyen d'accroitre sa clientèle. *Mentor du peuple des campagnes, c'est le rêve doré du médecin de province. Mais avant de respirer l'encens officiel dans un fauteuil de conseiller général, le médecin de campagne chevauche par tous les temps, entre une dysenterie et une variole, du château à la*

[58] L'Impartial du Dauphiné du 18 décembre 1870

chaumière, du lit de l'enfant moribond à celui du vieillard grabataire[59].

Proche du mouvement Républicain libéral, il laissera bien volontiers ses amis, Jean-Hugues Recoura et Casimir Julhiet, notaires tous les deux, le soin de présider successivement aux destinées communales (Document iconographique XXI : liste des maires de Domène). Le 12 septembre 1870 la commission départementale provisoire du département de l'Isère, dont Recoura et Julhiet font partie, relève le préfet de ses fonctions et désigne, en remplacement du maire du Terrail-Couvat, un conseil municipal intérimaire de quatre personnes. Le 10 mai 1871 Victor Amblard, un propriétaire conservateur, reprend la mairie pour un an. Le 3 juin 1872, Jean-Hugues Recoura lui succède mais lui rendra le poste de premier magistrat le 1er mai 1874.

Au plan national, dans une tentative de retour à « l'ordre moral », le gouvernement conservateur du Duc de Broglie fait voter, le 20 janvier 1874, la loi laissant au chef de l'Etat, et par délégation aux préfets, le soin de nommer les maires dans chaque commune. C'est ainsi que Victor Amblard retrouve son fauteuil le 1er mai. Les années suivantes, on assiste à une véritable « valse des maires », nommés par le préfet mais désavoués par le conseil municipal... Amblard démissionne une 1ère fois en novembre 1874, puis reconduit, il re-démissionne en mai 1876. Du 1er juin 1876 à mai 1877, deux maires sont nommés qui renonceront rapidement : Auguste Chevrant, industriel, et Alphonse Charvet, propriétaire. Le bon score des républicains aux élections municipales de 1877 va changer la donne car ils refuseront systématiquement le poste de maire et s'abstiendront de voter tout budget.

Devant cette situation inextricable, le préfet, par arrêté du 7 juin 1877, suspend pour deux mois le conseil municipal et nomme, parmi les notables doménois, une commission communale provisoire. En conséquence de quoi, se constitue une assemblée de 10 membres, jugée plus consensuelle, où siègent : Bertin Hyppolite et Raphael, Chevrant Charles (industriel), Etienne Auguste (directeur de la

59 Léonard Jacques, La vie quotidienne du médecin de province au XIXe siècle, Hachette, 1977

Papèterie de la Gorge), Gille Pascal, Médoc Louis, Riboud Joseph, Vielhomme Alexandre (industriel), Vigne-Falcoz Jean et Melchior Marmonier. Un nouvel arrêté préfectoral du 11 juin 1877 nommera ce dernier maire de Domène, contre toute attente et à son grand étonnement. Cette décision sera entérinée par un décret du Président de la République en date du 14 juillet (Document iconographique XXII). Pendant six mois, le Dr Marmonier s'acquittera de cette tâche, contextuellement compliquée, par devoir plutôt que par goût. Il finira, lui aussi, par donner sa démission, le 1er janvier 1878, suivi en cela par tous les autres membres de la commission[60]. Le préfet, de guerre lasse, se résolut à désigner Casimir Julhiet comme son successeur en mairie...

Les élections municipales des 6 et 13 janvier 1878 portèrent au pouvoir de nombreux républicains dont Recoura et Julhiet, le mieux élu avec 317 voix. Ce dernier fut logiquement reconduit dans ces fonctions de maire par un décret du Président de la République, en date du 25 février 1878. Melchior Marmonier n'occupera qu'un modeste siège de conseiller durant cette mandature. Il sera élu une dernière fois conseiller municipal de Domène lors du scrutin de 1882.

La liste des maires de Domène[61], pendant la période d'activité du Dr Marmonier, est proposée sous forme de tableau (Document iconographique XXI).

Tout au long du XIXe siècle, les revenus de biens fonciers et les petites spéculations financières se vérifieront toujours plus profitables que la perception d'honoraires médicaux. Le médecin de campagne, qui appartenait à la petite bourgeoisie parcimonieuse, se devait de gérer son patrimoine « en bon père de famille ». Economie et respectabilité guidaient sa conduite de vie. En fin de carrière, un praticien reconnu pouvait avoir suffisamment thésaurisé pour se constituer, au bout du compte, un assez joli pactole.

---

[60] Borgis J-P., Magnin R. et Bailly J., *Un grand médecin dauphinois : le Docteur Marmonier (1813-1891) père de la transfusion sanguine en France*, Domène, Mairie, 1992, p17-18

[61] Perrier Ch. Léon, *Histoire de Domène*, réédition : Res Universis, 1990, p41-43

Les recettes médicales étaient loin de constituer la majorité des revenus d'un Melchior Marmonier vieillissant. Sa déclaration successorale[62], réalisée en novembre 1891 auprès du receveur de l'enregistrement, fut estimée à 48.000 francs. Elle se répartissait de la façon suivante : 61,5% en valeurs mobilières et 38,5% en biens immobiliers. Les premières se composaient de créances actives : prêts à intérêts et honoraires non réglés. On relevait notamment un prêt de 8.000 francs, accordé au menuisier Alphonse Lebeau (daté du 4 mars 1879), et un autre encore plus important de 20.800 francs, alloué à un négociant en vins parisien (enregistré le 22 janvier 1889 chez Me Vallier notaire à Grenoble). Les seconds consistaient, outre sa propre maison, ses dépendances et l'habitation à un étage la jouxtant, en deux autres bâtisses habitables avec cours et jardin situées dans le village, sur la rive gauche du Domènon. Rompant avec ses habitudes d'investissements passées (mines, moulins), aucun patrimoine usinier, aucune participation financière sous forme de titres dans un quelconque capital industriel ne figuraient à sa succession.

Les déclarations s'avérant en général sous-estimées, on suppose sa fortune supérieure à 50.000 francs. Cette appréciation d'actif successoral le plaçait parmi les 5% des Français les plus riches de l'époque[63]. Cela faisait donc logiquement de lui l'une des plus grosses fortunes de Domène, très en deçà cependant des biens décuplés, au sens premier du terme, des grands industriels de la région…

---

[62] AD 38 : 3Q8MUT/DC 1891-déclaration des mutations par décès

[63] Borgis J-P., Magnin R. et Bailly J., Un grand médecin dauphinois : le Docteur Marmonier (1813-1891) père de la transfusion sanguine en France, Domène, Mairie, 1992, 32p

Document iconographique XIX

Café-Hôtel du Cercle

Lieu présumé de réunion du Cercle de Domène (Bellon propriétaire)
À l'angle de la Grand »-Rue et du pont du Doménon

Souscription pour la Pologne.

34ᵉ LISTE.

MM.

Train, négociant	10	»
Chalonge, id.	10	»
Souscription recueillie au cercle de Domène :		
Marmonier	5	»
Gerard, oncle	2	»
Recoura	5	»
De Charlary	2	»
Berard	2	»
Caillat	2	»
X	5	»
Z	5	»
	48	»
33ᵉ liste	2,712	40
Total à ce jour	2,760	40

Société Internationale de secours aux blessés militaires.

COMITÉ SECTIONNAIRE DE GRENOBLE.

Quatrième liste de souscripteurs et d'adhérents.

MM.	Roë	10 f.
	Royer	10
	Charles Roë	10
	Le comte de Galbert	10
	Le docteur Bourgillon	10
	Edouard Vidil père	10
	Paul et Mlle Gabrielle Farge	10
	La compagnie des avoués de première instance	200
	De Réneville	10
	Alexandre Niepce	10
	Docteur Dumont	10
	Docteur Marmonnier	10
	Docteur Sarret	10
	Sachet	10
	Richard, pharmacien à Goncelin	10
	Eugène Charrière et sa famille	50
	Louis Penet	10
	Docteur Dufresne	10
	Vial, pharmacien	10
	Renavant, négociant	10
	Joseph Châtain	10
	Emmanuel Teisseire	10
	Leblond	10
	Royer, avocat	10
	Docteur Ricci	10
	Perrault, élève en pharmacie	10
Mmes	Sorrel	10
	Farge	10
	de Galbert	10
	Vve Barral et Mlle Marie Sorrel	10
	Vve Charpin	10
	Elise Champollion	10
	Bonnet-Eymard	10
	Maguin	10
	Chatain	10

DONS EN NATURE.

M. Charles Teisseire, un hectolitre de vin.

M. le conseiller Charles Roland, cinq hectolitres de vin.

Mme Emm. Teisseire, six lits garnis.

Mme la comtesse du Pont de Gault, cinq draps de lit, linge,, bandes et charpie.

Le comité sectionnaire de Grenoble a besoin d'un copiste qui serait occupé à l'Hôtel-de-Ville, tous les jours, le dimanche excepté, de 9 heures à midi le matin et de 2 heures à 5 heures le soir.

S'adresser au secrétaire général du comité.

Document iconographique XX

1. **Souscription pour la Pologne** recueillie au Cercle de Domène (à gauche) ; *L'Impartial Dauphinois* en date du 28/08/1863
2. **Souscription à la Société Internationale de Secours aux blessés militaires** ; (à droite) *L'Impartial Dauphinois* du 14/12/1870

Tableau des maires de Domène de 1841 à 1891		
1841	1847	François Odru
1847	1848	Maurice Mollard
1848	1851	Casimir Julhiet
1851	1852	Maurice Mollard
1852	1859	Jean-Pierre Gédéon Odru
1859	1865	Louis-Joseph Jules Senequier-Crozet
1865	1868	César Bourgeat
1868	1871	Alphonse du Terral-Couvat
1871	1872	Victor Amblard
1872	1874	Jean Hugues Recoura
1874	1877	Victor Amblard
1877	1878	Melchior Joseph Marmonier (10 juin 1877 nomination – 2 janvier 1878 démission)
1878	1881	Casimir Julhiet
1881	1884	Victor Amblard
1884	1886	Casimir Julhiet
1886	1888	Henri David
1888	1894	Auguste Etienne

Document iconographique XXI

Maires de Domène pendant la période d'activité du Dr Marmonier

Domène. — Le conseil municipal de cette commune vient d'être dissous par un décret dont voici la teneur :

Le président de la République française,

Sur la proposition du ministre secrétaire d'État au département de l'intérieur,

Vu l'article 13 de la loi du 5 mai 1855 ;

Vu l'arrêté du préfet de l'Isère, en date du 7 juin 1877, portant suspension du conseil municipal de la commune de Domène,

Décrète :

Article 1er. — Le conseil municipal de la commune de Domène (Isère) est dissous.

Art. 2. — Il est institué dans ladite commune, pour y remplir les fonctions du conseil municipal, une commission composée de :

MM. Marmonier (Melchior), Vigne-Falcoz (Jean), Bertin (Hippolyte), Bertin (Raphaël), Chevrant (Charles), Etienne (Auguste), Gille (Pascal), Médoc (Louis), Riboud (Joseph), Vielhomme (Alexandre).

Art. 3. — MM. Marmonier et Vigne-Falcoz, membres de la commission municipale, sont désignés pour remplir, à titre provisoire, les fonctions de maire et d'adjoint au maire de la commune de Domène.

Art. 4. — Le ministre de l'intérieur est chargé de l'exécution du présent décret.

Fait à Versailles, le 14 juillet 1877.

Le président de la République,
Signé : Maréchal de MAC-MAHON,
duc de Magenta.

Par le président de la République,
Le ministre de l'intérieur,
Signé : DE FOURTOU.

Document iconographique XXII

Décret du 14 juillet 1877 portant dissolution du conseil municipal de Domène et désignant Melchior Marmonier comme maire provisoire

L'Impartial Dauphinois du 4/08/1877

Document iconographique XXIII

Portrait de Melchior Joseph Marmonier
Attribué à Edouard d'Apvril
Huile sur toile

Chapitre VII

Le décès et les honneurs posthumes

L'acte de décès établi le lundi 25 mai 1891 mentionne que Melchior Joseph Marmonier, veuf de Marie Caroline Mayer, s'est éteint à 18 h 30 en son domicile de Domène, à l'âge de 78 ans. On retient l'hypothèse d'une hémorragie cérébrale foudroyante comme cause la plus plausible de son décès. Le docteur Joseph François Boffard (29 ans), son successeur, et Frédéric Falcon, (56 ans), directeur de l'école communale, en témoignent devant le maire Auguste Etienne. (Document iconographique XXIV).

Les obsèques du docteur Marmonier père, eurent lieu le 27 mai 1891 au milieu d'une affluence considérable. *La population toute entière de Domène, à laquelle s'étaient joints de nombreux amis venus de Grenoble et des environs, a voulu donner un dernier témoignage de gratitude et d'affection à l'homme qui, durant quarante-huit ans, n'avait cessé un seul jour de lui prodiguer ses soins et de lui consacrer ses forces. Le deuil était conduit par le docteur Marmonier fils*[64].

[64] Articles de l'Avenir de l'Isère et du Réveil du Dauphiné en date du 28 mai 1891

Ses funérailles donneront lieu à de nombreux éloges funèbres. Ils souligneront tous le rôle éminent joué par le docteur Melchior Marmonier dans le canton de Domène, auprès de ses patients pendant près de 48 ans. Au-delà des panégyriques de circonstance volontiers teintés de lyrisme, ils témoignent, par leur nombre et la chaleur de leur propos, de l'estime et de l'affection que chaque orateur lui portait.

Nous reproduisons ci-après, et *in extenso,* l'édifiante allocution funèbre du docteur Turrel, professeur à l'école de médecine, chirurgien en chef de l'hôpital de Grenoble et président de la Société de Médecine de l'Isère, dont le docteur Melchior Marmonier était un des membres fondateurs.

Messieurs,

C'est au nom de la Société de Médecine et de la Société de prévoyance des Médecins de l'Isère dont il était membre depuis la fondation, c'est au nom de l'amitié dont il voulait bien m'honorer que je viens saluer une dernière fois le Collègue que nous avons la douleur de perdre aujourd'hui.

Enfant du département de l'Isère, Marmonier n'eut pas plus tôt conquis son grade de docteur en médecine, qu'il prit du service comme médecin militaire et qu'il fut envoyé en Algérie.

La période de conquête n'était pas close encore. Aux périls et aux fatigues de la guerre se joignaient, pour nos soldats, les dangers bien plus redoutables du sol et du climat, à cette époque où aucun mode d'assainissement n'avait encore été pratiqué.

Une épidémie meurtrière s'abattit sur le camp où se trouvait Marmonier et y fit de grands ravages. Là le jeune aide-major put montrer des trésors de science, de courage et de dévouement que renfermait sa riche organisation. Sa belle conduite lui valut une citation à l'ordre du jour de l'armée d'Afrique.

Vaincu à son tour par le fléau, il dut prendre du repos ; il revint au pays natal qu'il ne devait plus quitter désormais.

Une connaissance plus complète de lui-même lui avait fait comprendre qu'avec une instruction médicale solide, avec des aptitudes variées, il pouvait rendre de grands services dans la pratique de la médecine civile, et il résolut de s'y vouer tout entier en abandonnant la carrière militaire. Il vint s'installer à Domène. C'est là que, pendant quarante-huit ans, Marmonier devait consacrer à l'exercice de son ministère toutes les forces de son être. Doué d'une intelligence peu ordinaire, d'une santé robuste, d'une activité infatigable, il se mit courageusement à l'œuvre et ne tarda pas à se créer une situation indiscutée, qui porta son nom bien au-delà des limites du pays où il s'était fixé. A Grenoble, il appartenait véritablement au corps médical grenoblois ; dans la vallée du Grésivaudan, il est peu de localités où il n'ait été appelé à apporter le secours de son art.

Cette notoriété, Marmonier l'avait conquise à plus d'un titre : homme d'études et homme d'action, il suffisait en même temps au travail dans le silence du cabinet et au labeur d'une clientèle nombreuse et étendue. Toujours à la médecine, et à part quelques occupations administratives de courte durée, exclusivement à la médecine, il ne pouvait manquer d'acquérir une science professionnelle qui devait le mettre hors de pair. Médecin vigilant et expérimenté, observateur sagace, il était habile à traiter les affections médicales proprement dites. Un coup d'œil rapide et sûr, une décision prompte, une grande habilité manuelle lui donnaient des aptitudes marquées pour la chirurgie et les accouchements. Aussi sa réputation d'accoucheur s'étendait-elle au loin. Il avait dans l'esprit mille ressources qui lui permettaient de se tirer à son honneur des cas les plus difficiles et les plus embarrassants. N'est-ce pas avec de vulgaires instruments faits pour un tout autre usage, qu'il pratiqua sur une femme exsangue et râlante l'opération si délicate de la transfusion du sang et qu'il réussit à rappeler à la vie cette quasi-morte ?

Sans cesse préoccupé des moyens à mettre en œuvre pour guérir ses malades, il imaginait, dans le cas où son modeste arsenal était insuffisant, des instruments et des appareils qu'il confectionnait lui-même ou qu'il faisait fabriquer par des gens du métier.

Il aimait à montrer à ses confrères quelques-uns de ces instruments de son invention : ici une scie permettant de sectionner l'os sans blesser les chairs dont il est entouré, là un appareil très ingénieux pour maintenir les fragments dans une fracture du maxillaire inférieur tout en permettant au blessé d'ouvrir la bouche et de s'alimenter facilement.

Ainsi avec de telles qualités, Marmonier aurait pu aspirer à une situation moins modeste que celle de médecin de campagne. Mais il avait trouvé à Domène un accueil bienveillant ; le bon esprit et l'intelligence de la population l'avaient tout de suite jugé et apprécié. C'est là une chose bien précieuse pour un homme de cœur ; et c'est sans doute par reconnaissance qu'il s'est attaché à ce pays, et qu'il lui a donné sans compter sa science, son temps et son dévouement tout entiers.

C'est un bonheur, c'est un honneur même, Messieurs, que de posséder, dans un pays à ressources limitées, un homme de la valeur de Marmonier. Aussi sa mémoire n'est pas près de s'éteindre dans cette région, et c'est avec la pensée que cette mémoire s'éternisera parmi vous, qu'au nom des Sociétés médicales de l'Isère, à cet homme de bien, à ce praticien distingué, à ce confrère estimé et honoré, à cet ami, j'adresse un suprême et solennel adieu[65].

Après la cérémonie religieuse en l'église de Domène, le cortège, son fils Charles en tête, a pris la route de Tencin pour accompagner la dépouille du docteur Marmonier à sa dernière demeure. Il est enterré dans le caveau familial où reposaient déjà son épouse, sa mère, ses beaux-parents et son unique petite-fille morte à l'âge de quatre mois. (Document iconographique XXV : photographie de la sépulture).

De nombreux articles émanant de la presse, locale, régionale et nationale témoignent de l'importance accordée à l'œuvre de Melchior Marmonier et de la sympathie qu'inspirait sa personne. Nous en reproduisons quelques-uns dans la partie « Annexes » de l'ouvrage.

Une reconnaissance posthume se manifesta en Isère. La commune de Domène lui éleva un buste, Lancey lui dédia une place,

[65] Union Départementale des donneurs de sang de l'Isère-la Providence, Vizille : *Le Dr Marmonier père précurseur de la transfusion sanguine*, Imprimerie Guirimand Grenoble, 1980

les communes d'Izeaux et de Saint Marcellin lui donnèrent un nom de rue. L'Union Départementale des Donneurs de Sang lui consacra un opuscule mémoriel en 1980 et la mairie de Domène édita une monographie le concernant à la date anniversaire de 1992.

A l'initiative, dès octobre 1891 et en partie aux frais, de son fils Charles, un monument fut élevé à Domène à la mémoire de Melchior Joseph Marmonier (Document iconographique XXVI). Il s'agissait d'un buste en bronze, orné sur ses faces latérales de deux griffons en bronze eux aussi, le tout posé sur la pyramide centrale d'une fontaine au milieu de la place de l'Eglise. Cette œuvre du sculpteur grenoblois Eustache Bernard comportait l'inscription suivante « Au docteur Marmonier père, Rénovateur de la transfusion du sang ». Le modèle de la fontaine est dû à M. Revol, de Tencin, architecte à Paris. L'inauguration, le 9 octobre 1892, se fit en présence d'une foule immense, avec de nombreux médecins militaires, beaucoup d'officiers dont le général de division Lespiau. Marie Pinardy (épouse Mallet) et Marie Joséphine Faniel (épouse Guillon), les héroïnes de son exploit transfusionnel, assistaient à la cérémonie. Sur la place, il y avait partout des décorations, oriflammes, drapeaux, guirlandes... Des fanfares ont accompagné le colossal banquet de deux cents couverts, précédé de nombreux discours. De belles illuminations le soir ont ravi la foule. La fête s'est terminée dans le préau de l'école des filles par un bal populaire.

La force symbolique du monument n'échappera à personne. Le bon docteur, « hygiéniste dans l'âme », au-delà de sa disparition, parait, dans cette mise en scène, mettre à la disposition de la population défavorisée de Domène, une source d'eau potable, gage de bonne santé, à laquelle beaucoup d'habitants n'avaient pas encore droit… En effet, l'adduction d'eau, dans chaque foyer, ne sera effective que de nombreuses années plus tard[66].

En 1943 le buste fut enlevé par les Allemands. Un second fabriqué par la fonderie Roche à Domène a été mis en place le 1er juin 1969, sous la municipalité de Reynier Prat Roger, à l'initiative de

[66] Jean-Pierre Goubert, *La France s'équipe. Les réseaux d'eau et d'assainissement. 1850-1950*, Les Annales de la Recherche Urbaine Année 1984, 23-24 pp. 47-53

l'Amicale des donneurs de sang doménois, aidée financièrement par la population et le Centre de transfusion sanguine de Grenoble.

Tout au long de sa vie, le Docteur Marmonier ne rechercha pas la notoriété pour la notoriété, ni n'adopta une attitude ostentatoire à la hauteur de son mérite. Chez lui le savoir-faire l'emportait largement sur le faire-savoir, la compétence sur le paraitre. Une certaine forme de modestie le caractérisait pleinement. A plusieurs occasions il eut pu transcender sa modeste condition de médecin de campagne : en valorisant à son profit les retombées de sa prouesse transfusionnelle, en prolongeant sa coopération avec Aristide Bergès, en embrassant une carrière politique locale qui lui ouvrait largement les bras. Mais pour ce faire, il aurait dû mettre sa carrière de praticien de terrain, sa profonde raison d'être « entre parenthèses », et cela jamais il ne le voulut…

La date de son décès et l'inauguration de son monument vont marquer le début de l'élaboration d'une « légende » Marmonier. Son fils Charles y contribua grandement au plan local, en léguant, à cette occasion, une somme de 40.000 francs au Bureau de Bienfaisance de la commune… De leur côté les édiles de la IIIe république, dans un souci d'unification du corps social et de fondation de la France comme nation politique, avaient besoin d'exemples citoyens. Le désir de revanche sur l'Allemagne, né au soir de la capitulation de 1870 et de la perte de l'Alsace-Lorraine, définitivement ratifiée par le traité de Francfort du 10 mai 1871, obligeait à souder les Français autour de valeurs communes fortes et partagées. La représentation, faite à la mémoire collective, d'un praticien portant science et conscience au plus haut de son éthique professionnelle s'inscrivait naturellement dans cet objectif. L'image du médecin des pauvres, laïc et curieux des progrès de la science, participa, autour de la personne de Melchior Marmonier, à l'édification d'une sorte d'icône républicaine. *Honneur et devoir, deux mots qui résumaient sa devise ! Deux sentiments qui furent la règle invariante de sa vie,* comme le souligna justement Auguste Etienne, maire de Domène, dans son discours d'inauguration du monument édifié à sa mémoire, sur la place de l'église, le 9 octobre 1892.

Le nom de Marmonier mérite d'être inscrit dans l'histoire de la médecine pratique. L'article du Montpellier Médical du 1er juin 1891 met ainsi l'accent sur la démarche particulière que le docteur Marmonier adopta, avec un certain succès auprès de ses malades, tout au long de sa carrière professionnelle. Comme Mr Jourdain faisait de la prose sans le savoir, il avait initié, bien avant l'heure et peut-être inconsciemment, une forme d'exercice fondée sur des faits prouvés. Il s'ingénia à continuellement transcrire, sur le terrain et avec pragmatisme, les nouveaux concepts d'une discipline en pleine expansion dont il se tenait constamment informé. Il avait intégré, d'une façon empirique, que sa décision thérapeutique reposait sur le triptyque suivant : analyse des circonstances cliniques, confrontation aux données actualisées de la science et intégration des spécificités propres au patient. Il s'agit là des piliers de ce que l'on nomme aujourd'hui *l'Evidence-based medicine*[67] !!!

Contrairement aux écrits louangeurs de Ch. Léon Perrier à son propos, dans son *Histoire de Domène*[68] parue en 1922, Melchior Marmonier n'était pas *un savant, universellement aimé et respecté* mais un praticien *distingué, éclairé et consciencieux* selon les termes du Pr Grasset et du Dr Turrel, prononcés lors de leur éloge funèbre respectif. Des écrits encore plus fantaisistes ont contribué à brouiller son image authentique, le qualifiant de « Pasteur doménois », lui attribuant une quinzaine de transfusions en Dauphiné ou lui prêtant une rencontre improbable avec un chirurgien de la cour impériale de Russie… Aucun texte, aucune référence, aucun témoignage sérieux ne permettent de l'affirmer. A l'évidence, sa rigueur et sa modestie n'auraient pas cautionné de telles affabulations.

---

67 GAY Bernard, BEAULIEU Marie-Dominique, *La médecine basée sur les données probantes ou médecine fondée sur des niveaux de preuve : de la pratique à l'enseignement,* Pédagogie Médicale 2004 ; 5, 171-183

68 Perrier Ch. Léon, Histoire de Domène, réédition : Res Universis, 1990, p43-46

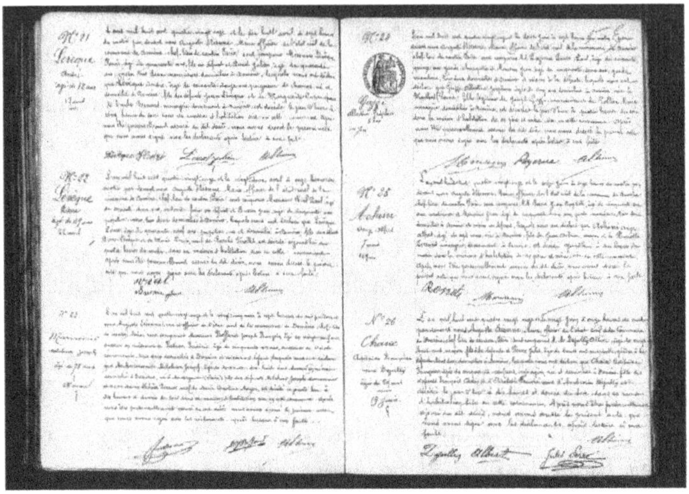

Document iconographique XXIV

Acte de décès N°23
De Marmonier Melchior, Joseph

Survenu le 25 mai 1891 à 18h 30 en sa maison de Domène.
Les prénoms sont inversés en regard de l'acte de naissance
(une volonté assumée de l'intéressé durant toute sa vie).

Document iconographique XXV

Tombe familiale au cimetière de Tencin

(Photo Monique Bonvalet)

Charles MARMONIER Médecin major 1ère classe 13/4/1846 8/3/1923	Melchior Joseph MARMONIER Ancien médecin militaire Rénovateur de la transfusion sanguine 13/9/1813 25/5/1891	Marie Caroline MARMONIER née MAYER à Metz 20/8/1819 2/8/1884
Marie-Thérèse MARMONIER née PERRIER Décédée le 16/8/1845	Marie-Louise MARMONIER décédée à l'âge de 4 mois le 5/2/1873	Jacques MAYER Ancien sous-préfet Décédé le 28/8/1858
Marie-Blanche VAUTHERIN Née JOLYOT Décédée le 17/5/1930		Louise-Frédérique MAYER née ROEDER-DIERSBOURG Décédée le 15/3/1845

Document iconographique XXVI

Buste du Dr Marmonier sur la place de l'église à Domène
(Photo de l'auteur)

EPILOGUE

Au terme de ce travail, qui constitue la seconde rédaction d'une tentative biographique sur la personne de Melchior Marmonier, nous avons pu constater, comme l'avait déjà écrit Jean-Pierre Borgis[69] en 1992, combien la rareté des sources historiques fiables, l'absence de documents personnels ou familiaux, créent d'importantes zones d'ombre, à jamais effacées, sur sa vie. En nous référant à des publications et livres anciens qui traitèrent de la transfusion, nous avons davantage pu cerner et apprécier sa contribution historique à la discipline. L'apport de l'importante œuvre sociologique de Jacques Léonard, sur la médecine rurale en France au XIXe siècle, nous a permis de mieux pénétrer et comprendre la vie quotidienne des praticiens de son temps et donc de la sienne. Malgré tous les obstacles rencontrés, se dessine au final l'image, convergente sous différents angles de vue, d'un *honnête homme* au sens classique du terme.

Le Dr Melchior Marmonier personnifie, au plus haut degré, la représentation du médecin de campagne du XIXe siècle, dévoué et intègre, instruit des avancées de sa discipline et soucieux d'en faire profiter sa patientèle. Laïc et républicain libéral, il croit fermement en l'émancipation des hommes par le progrès de la science et des techniques. Curieux et inventif, il osera tenter, en janvier 1851, au chevet d'une parturiente à l'agonie, une intervention médicochirurgicale encore révolutionnaire et réservée au monde

[69] Borgis J-P., Magnin R. et Bailly J., Un grand médecin dauphinois : le Docteur Marmonier (1813-1891) père de la transfusion sanguine en France, Domène, Mairie, 1992, p5

hospitalier : la transfusion sanguine. Si l'on ne peut pas lui en attribuer la paternité historique, -quelques autres l'avaient tentée avant lui, avec plus ou moins de bonheur-, son geste et ses conséquences heureuses font de lui le vulgarisateur de la méthode et indéniablement son initiateur en Dauphiné. Comme le rapportèrent MM Dechambre et Diday : *sa conduite aura surtout le grand avantage d'inspirer aux praticiens une confiance dont ils manquaient*[70].

Philanthrope de nature, il s'investira dans la vie économique et politique de sa commune, participera à son conseil municipal et en deviendra, en des temps troublés, un maire provisoire, désigné par décret. Il aidera au développement économique du canton de Domène. Dans un premier temps, il s'impliquera dans l'exploitation de la concession des mines d'anthracite de la Boutière. Avec Aristide Bergès, ensuite, il coopérera à l'essor de l'industrie papetière et corolairement de la houille blanche en Isère. Il conduira, durant le conflit Franco-Prussien des années 1870-1871, l'effort de guerre des citoyens réservistes du Grésivaudan.

Tout au long de son existence il restera fidèle à ses idéaux. Il accomplira, jusqu'à son dernier souffle, la tâche harassante de médecin de campagne et laissera, à ses contemporains, le souvenir impérissable du *républicain engagé*. Il aura su, par son seul talent, s'élever de sa condition de fils de petit propriétaire terrien, au rang de notable respecté.

Ces faits suffiraient par eux-mêmes à sa notoriété. Mais Charles Marmonier, à titre posthume, dans un élan de piété filiale, fit en sorte de les médiatiser par l'édification d'un monument mémoriel et d'une grandiose cérémonie d'inauguration, contribuant ainsi à la reconnaissance officielle de l'œuvre de son père.

S'il était né trente ans plus tôt, nul doute que Balzac aurait pu le prendre comme modèle pour camper le Dr Benassis, personnage central de son roman : « Le médecin de campagne ».

---

[70] Oré Pierre Cyprien, Etudes historiques, physiologiques et cliniques sur la transfusion du sang, 2ème édition, JP Baillière et fils, libraires-éditeurs, Paris 1876, p277

ANNEXES

1) Origine du nom de famille

L'origine du nom « Marmonier » est incertaine. La facilité voudrait qu'il dérive du moyen français « marmoner » : parler à voix basse et peu distincte. Mais il pourrait plutôt s'agir de l'ouvrier qui extrait ou taille le marbre (marbrier en latin se dit *marmorarius*[71]). L'existence de nombreuses carrières, en Nord-Isère, dont celle des « Galoches » près de Montalieu-Vercieu, en bordure de l'aire géographique de surreprésentation du patronyme Marmonier, apporte un argument de poids à cette dernière hypothèse. Le « choin de Villebois », qui en était extrait, représentait une roche très prisée dans le domaine de la construction[72]. Résistante à l'érosion et dotée d'un aspect esthétiquement attrayant (« pierre marbrière »), elle a largement été utilisée pour bâtir les monuments de Lyon dès le Moyen Âge (1ère mention écrite en 1192, dans la charte du chapitre de la cathédrale Saint Jean). Le développement important de ce bassin carrier s'explique, non seulement par un contexte géologique riche, mais aussi par la présence du Rhône qui jouera un rôle déterminant comme vecteur de diffusion.

---

[71] Gaffiot Félix, « Marmorarius », in Dictionnaire latin français, Hachette, 1934, p 951

[72] David Louis. Les roches utilisées dans la construction de la ville de Lyon. In: Bulletin mensuel de la Société linnéenne de Lyon, 45e année, n°7, septembre 1976. pp. 6-10.

2) Arbre généalogique ascendant de Melchior Marmonier

[Monique Bonvalet, Revue Généalogie & Histoire, n° 158/159 - 2e/3e trimestre 2014, p49-54]

Généalogie ascendante de Joseph Melchior MARMONIER

Tous les lieux cités sont dans le département de l'Isère, sauf indications contraires

PREMIÈRE GÉNÉRATION

1 **Joseph Melchior MARMONIER**, médecin militaire et civil, ° Montagnieu 13.09.1813, † Domène 25.05.1891, x Marie-Caroline MAYER, ° Metz (57) 20.08.1819, † Domène 02.08.1884, fa Jacques MAYER, sous-préfet, et Louise Frédéricque ROEDER-DIERSBOURG, dame d'honneur de la Cour de Bade.

DEUXIÈME GÉNÉRATION

2 Melchior Joseph MARMONIER, propriétaire, ° Torchefelon 09.02.1787, † Saint-Sorlin-de-Morestel 12.04.1836, x Quaix-en-Chartreuse 12.10.1812.

3 Anne Marie Thérèse PERIER, y ° 04.01.1793, † Tencin 16.08.1845.

TROISIÈME GÉNÉRATION

4 Melchior Joseph MARMONIER, propriétaire bourgeois, ° Torchefelon 05.03.1749, † Montagnieu 18.02.1829, y x 07.02.1782.

5 Marguerite GENIN, ° 1742 ca, y † 08.02.1823.

6 Pierre François PÉRIER, propriétaire, aboureur, ° Saint-Martin-le-Vinoux 1755 ca, † Grenoble 24.01.1812, y x 26.07.1784.

7 Anne BOUVIER, ° Quaix-en-Chartreuse 07.12.1748.

QUATRIÈME GÉNÉRATION

8 Melchior Joseph MARMONIER, notaire de Torchefelon (archives disparues), † av. 10.05.1766, x La Tour-du-Pin 15.05.1740.

9 Anne LHOSTE, y ° 26.01.1714, † Torchefelon 27.04.1750.

10 Claude GENIN, procureur au Parlement de Grenoble, † av. 08.06.1781, x Montagnieu 22.11.1729.

11 Marguerite VEYRET, ° 1699 °, y † 08.06.1781.

12 Pierre PÉRIER, propriétaire, † av. 07.04.1791, x Le Sappey-en-Chartreuse 30.01.1753.

13 Foy JAYL, y ° 26.01.1731, † Quaix-en-Chartreuse 19.12.1808.

14 François BOUVIER, x1 Grenoble 05.06.1715 Louise BUISSIÈRE, cm. 06.07.1746 not. Accarier à Grenoble AD38 3E 1408/4.

15 Jeanne Cécile VIGNON, † av. 26.07.1784.

CINQUIÈME GÉNÉRATION

16 André MARMONIER dit VILLARD, notaire de Torchefelon (archives disparues), ° 1646 ca, † Torchefelon 02.05.1710, test. 11.12.1704 not. Chevallier à Montrevel AD38 3E 7159, codicille 07.10.1707 not. Chevallier à Montrevel 3E x av. 1690.

17 Claudine GUÉDY, ° 1669 ca, y † 23.05.1744.

18 Pierre LHOSTE, notaire de La Tour-du-Pin, y ° 27.03.1670, y † 29.08.1732, (†) dans la chapelle du Saint-Rosaire, x Cessieu 06.10.1699.

19 Anne GUÈDY, ° 1670 ca, † La Tour-du-Pin 27.05.1750.

20 Jacques GENIN, marchand, ° 1663 ca, † Bourgoin 04.11.1746, y x 11.09.1690.

21 Dimanche SEVOZ, † av. 22.11.1729, y x1 01.06.1688 Joachim BIESNARD.

22 Michel VEYRET, procureur, x La Côte-Saint-André 29.05.1697.

23 Catherine BOUVIER.

24 Pierre PÉRIER, † av. 30.01.1753, x Saint-Martin-le-Vinoux 06.02.1720.

25 Marguerite GUÉRIN.

26 François JAYL, secrétaire greffier du Sappey, ° Le Sappey-en-Chartreuse 27.03.1696, y x 26.06.1725.

27 Hellène BONNET, ° Saint-Pierre-de-Chartreuse 14.11.1704.

28 Blaise BOUVIER, † av 06.07.1746, x Grenoble par. Saint-Laurent 26.10.1690.

29 Elisabeth PETITNOT, † av 19.05.1715.

30 Jean Baptiste VIGNON, m^e^ maçon.

31 Anne MARTINET.

SIXIÈME GÉNÉRATION

32 Claude MARMONIER.

34 Joseph GUÉDY BLANOZ, ° 1644 ca, † Torchefelon 08.09.1709, x Cessieu 29.06.1665.

35 Anne LEJEUNE, ° 1649 ca, † Torchefelon 14.06.1709.

36 Vincent LHOSTE, marchand, † La Tour-du-Pin 21.11.1701.

37 Marguerite MUSY.

38 Charles GUÈDY, bourgeois de Cessieu, y 17.10.1712.

39 Marie SÈVE, ° 1643 ca, y † 01.02.1693.

40 Antoine GENIN, cm. 19.08.1690 not. Audry à Bourgoin AD38 3E 7244 f° 122.

41 Clauda BAYET.

42 Claude SEVOZ.

43 Antoinette RIVOIRE, † av. 11.09.1690.

48 Pierre ALARD PÉRIER, x Saint-Martin-le-Vinoux 17.07.1685.

49 Dimanche BERNARD.

50 Louis GUÉRIN, x Saint-Martin-le-Vinoux 17.01.1696.

51 Marie ROYSAT.

52 Alexis JAYL, ° Le Sappey-en-Chartreuse, x Quaix-en-Chartreuse 08.02.1695.

53 Ennemonde SAMUEL, † Le Sappey-en-Chartreuse 11.07.1642.

54 Benoit BONNET, x Saint-Pierre-de-Chartreuse 22.11.1701.

55 Françoise BAFFERT.

56 Ennemond BOUVIER, † av. 26.10.1690, x Grenoble par. Saint-Laurent 20.09.1665.

57 Charlotte CABOU.

58 André PETINOT, laboureur de Saint-Pierre-de-Chérennes, † av. 26.10.1690..

59 Marie DISDIER, † av. 26.10.1690.

SEPTIÈME GÉNÉRATION

68 Mathieu GUEDY BLANOZ, x av. 1648.

69 Michely BERGER, † 07.10.1676.

70 Scipion LEJEUNE, † ap. 04.03.1681.

71 Pernette BORIN, † Sérézin-de-La-Tour 08.10.1692.

96 Jean ALLARD PÉRIER, vigneron, cm. 16.06.1669 not. Patras à Grenoble AD38 3E 1438/33 f° 299.

97 Marie MATTHIEU.

98 Louis BERNARD, x Saint-Martin-le-Vinoux 09.02.1664.

99 Guillauma LEVET.

100 Pierre GUERIN.

102 Jean RUISAT, † av. 17.01.1696, x Saint-Martin-le-Vinoux 16.09.1663.

103 Philiberte VITTE.

104 Dominique JAYL, ° 1623 ca, † Le Sappey-en-Chartreuse 25.12.1693, x Grenoble 13.04.1655.

105 Marie MICHAL, † av. 08.02.1695.

106 Benoit SAMUEL.

107 Isabeau BROUDET.

108 Joseph BONNET.

109 Jeanne DUCER.

110 Anthoine BAFFERT, † av. 22.11.1701.

111 Catherine COTTIN.

HUITIÈME GÉNÉRATION

192 Jacques ALLARD PÉRIER, † av. 16.06.1669.

193 Dimanche JALLIER.

194 Jean MATHIEU.

195 Françoise VINIER.

196 Pierre BERNARD, † av. 09.02.1664.

198 Lorand LEVET.
199 Clauda EYNAUD.
204 Denis RUISAT, † av. 16.09.1663.
210 Antoine MICHAL, † av. 13.04.1655.

3) Charles Marmonier

Charles Marmonier sut rendre à son père l'attention et l'affection que ce dernier lui avait prodiguée. Il fut en grande partie l'instigateur de la journée mémorielle du 15 octobre 1892. Une fraction des participants et quelques orateurs se déplacèrent vraisemblablement à sa seule initiative. Très généreux envers la commune de Domène, il contribua, comme principal mécène, au financement du monument érigé à la mémoire de son père. Par ses différentes actions, il contribua, volontairement ou non, à la genèse du « mythe » Melchior Marmonier en Grésivaudan.

Sont reproduits ci-après deux articles de presse : l'un retraçant sa biographie (les Alpes pittoresques du 15 juin 1904) et l'autre annonçant son décès (la République de l'Isère du 13 mars 1923).

Le Dr Charles Marmonier, médecin-major de 1ère classe en retraite, est originaire de l'Isère. Il est né à Domène. Ancien élève du lycée de Grenoble, il entre à l'Ecole militaire de Strasbourg en 1863. Après avoir pris part à la guerre de 1870-71, il est attaché aux hôpitaux militaires de Lyon. Il revient alors à Grenoble, d'abord au 4e régiment du génie, puis une seconde fois au 12e bataillon d'artillerie de forteresse. Durant ses séjours dans notre ville qu'il affectionne tout particulièrement en raison d'amitiés de jeunesse qu'il aime à y retrouver chaque année, l'urbanité de ses manières et l'aménité de son caractère lui permettent d'étendre le cercle de ses relations et de s'attirer de nombreuses sympathies, dont il conserve le précieux souvenir.

Après un séjour prolongé en Algérie, il est désigné pour le 3e régiment d'infanterie, à Aix-en-Provence. C'est là que, après avoir été fait Chevalier de la Légion d'honneur, il demandera sa mise à la retraite à l'expiration de ses trente années de service. Dénué de toute ambition, il sacrifie la perspective d'atteindre un grade plus élevé, qu'il est en droit d'espérer en raison des travaux scientifiques qu'il a publiés, à la satisfaction de pouvoir se consacrer exclusivement aux sciences médicales, dont l'étude a été sa préoccupation constante, son occupation favorite, le but de toute sa vie.

Car, au milieu des exigences professionnelles auxquelles est astreint le médecin militaire, le Dr Marmonier trouve le temps de non seulement se tenir au courant des progrès des sciences médicales, mais encore de publier des livres estimés et dans lesquels on retrouve les qualités maitresses des grands écrivains : l'ordre, la clarté, la précision méthodique, hormis lesquelles l'observation reste sans fruit et la pratique médicale sans résultat. Sans parler des nombreux articles qu'il envoie aux journaux de médecine, nous mentionnerons ceux de ses livres qui ont pour titres : De la transfusion du sang (couronné par la Faculté de médecine, Le guide médical de l'officier détaché, Le diagnostic différentiel des maladies de la moelle épinière (préfacé du Pr Charcot).

Rendu à l'indépendance qu'il désirait, le Dr Marmonier, alors âgé de presque 50 ans, s'installe à Marseille pour y exercer la médecine et s'adonner plus particulièrement au traitement des maladies des organes génito-urinaires, des affections de la peau et du cuir chevelu. Ses habitudes de travail, sa grande aptitude pour tous les travaux de l'esprit, son expérience déjà grande et la loyauté de son caractère lui facilite le succès. Et c'est très rapidement qu'il sait se faire une large place dans la seconde ville de France, malgré l'absence de relations et d'amitiés dès le début.

Au milieu des heures qu'il est obligé de consacrer à sa clientèle, le Dr Marmonier sait trouver le temps de publier divers d'autres ouvrages qui contribuent à affermir davantage sa réputation médicale et parmi lesquels nous citerons : L'hygiène de la chevelure, Le traitement de l'alopécie prématurée, un Formulaire pratique de thérapeutique pour le traitement de la syphilis (préface du Dr Julien professeur agrégé de la Faculté de Paris).

Son activité lui permet encore, en dehors de ses activités professionnelles, de se consacrer à des œuvres utiles. C'est ainsi que, ayant conservé un grand attachement pour toutes les choses de l'armée à laquelle il a si longtemps appartenu, il crée à Marseille la société des militaires du 3e régiment d'infanterie, le dernier régiment dans lequel il a servi. Elu Président de l'Union des Sociétés des anciens militaires de Marseille, il reçoit officiellement en cette qualité, le colonel de Mourawiev, délégué spécialement par l'empereur de Russie pour étudier l'organisation des Sociétés dites « prolonges régimentaires » en France. Le remarquable discours qu'il prononce sur le fonctionnement de ses sociétés, et dont la presse publia certains extraits, lui est demandé par le colonel Mourawiev pour le remettre au Tsar.

C'est ainsi encore que le Dr Marmonier, sollicité par quelques Dauphinois fixés à Marseille, crée la Société amicale des enfants de l'Isère.

Obliger des compatriotes est pour lui un plaisir et presque un besoin : telle est l'impression qu'il laisse aux nombreux dauphinois qui, soit en résidence à Marseille, soit de passage dans cette ville se sont adressés à lui et ont pu apprécier la cordialité de ses relations.

Mais l'état de santé fortement ébranlée de sa compagne dévouée l'oblige prématurément à renoncer au séjour dans la grande ville, et à chercher l'air revivifiant de la campagne. C'est ainsi que, attiré par la douceur du climat et le beau ciel de la Provence, il s'est, depuis quelques mois, définitivement retiré aux portes mêmes d'Aix-en-Provence, où il savait, du reste, devoir retrouver d'anciennes et solides relations. C'est là que nous adressons tous nos vœux à notre sympathique compatriote, au président fondateur de la Société amicale des enfants de l'Isère à Marseille, et que nous lui souhaitons de jouir longtemps, en pleine quiétude d'esprit, d'un repos bien mérité après une carrière aussi laborieusement remplie.

Le Dr Marmonier se devait à lui-même, il devait au nom qu'il porte, de marquer sa place dans la carrière médicale.

L'hommage qui fut rendu au docteur Charles Marmonier à son décès dans un article de la République de l'Isère du 13 mars 1923, le présente ainsi :

Nous apprenons le décès survenu à Nice le 08 mars 1923, où il s'était retiré définitivement, d'un de nos compatriotes, le docteur Charles Marmonier, de Domène, médecin-major de 1ère classe en retraite. Fils d'un médecin distingué de notre département qui fut, vers le milieu du siècle dernier, le rénovateur de la transfusion du sang, le docteur Charles Marmonier, ancien élève du lycée de Grenoble et de notre école de médecine, tint garnison dans notre ville avec le 4e régiment du génie et avec le 12e bataillon d'artillerie de forteresse. Après avoir demandé sa mise à la retraite, il se fixa à Marseille où il exerça la médecine pendant une dizaine d'années. Il y fut président de la société amicale des Enfants de l'Isère, qu'il créa, et de l'Union des sociétés régimentaires. Il a publié plusieurs ouvrages de médecine estimés, notamment sur la transfusion du sang, couronné par la Faculté de médecine, et sur les maladies de la moelle épinière, honoré d'une préface du savant professeur Charcot. Il était chevalier de la Légion d'honneur, titulaire de la médaille de 1870, et officier de plusieurs ordres étrangers.

Il sera inhumé à Tencin, dans le caveau de famille, le mercredi 14 mars 1923 à 13 h 30. (Document iconographique XXVII : Photographie de M. le Dr Charles Marmonier)

Le fils du docteur Melchior Marmonier, médecin-major comme son père, avait choisi la transfusion du sang comme sujet de thèse. En 1869 à la Faculté de médecine de Montpellier, son père était présent pour la soutenance. Les quelques paroles élogieuses prononcées par le président de thèse à l'égard de M. Marmonier père déclencha une belle acclamation à son égard.

Avec le décès prématuré de son unique petite fille, Marie-Thérèse, la lignée de Melchior Joseph Marmonier reste sans descendance…

Document iconographique XXVII

Photo de M. le Dr Charles Marmonier (1844-1923)

4) Articles de presse

I) Articles de presse relatant le décès du Docteur Marmonier père

Lyon médical du 31 mai 1891

Nous apprenons avec un douloureux saisissement la mort du Dr Marmonier à l'âge de 78 ans.

On croit la dette de la science suffisamment payée envers ce digne confrère lorsqu'on rappelle qu'il fut, pour la transfusion du sang, le promoteur d'une sorte de renaissance. Et, en réalité, les circonstances du fait parlaient plus éloquemment que le fait lui-même. On s'émut en haut lieu, à la nouvelle qu'un simple médecin de campagne avait réussie, presque sans autres instruments que ceux de sa trousse. Et, en vertu d'un a priori des plus rationnel, l'opération entra, dès lors, dans la pratique courante.

Mais peut-être le juste enthousiasme suscité à cette époque, n'a-t-il pas tenu compte de tous les mérites ? Outre la décision, le sang-froid, l'opération dont il s'agit exige le concours de deux dévouements absolus, se livrant sans hésitation, sans retard, au premier appel. Or, si Marmonier les trouva prêts à l'heure même, c'est qu'il les avait conquis de longue main.

Celui qui écrit ces lignes a assez vécu dans la sphère où pratiquait notre regretté confrère, pour attester le degré et l'étendue de la confiance qu'il inspirait autour de lui. C'est l'enviable récompense de l'ingrate médecine rurale que la personnification, en quelque sorte, de toute une région dans un nom d'homme, un nom où, par le plus touchant et tacite accord, se symbolisent la reconnaissance et la confiance de milliers d'obligés. On disait Marmonier de Domène, comme à côté de lui, Margot de Voiron, comme chez nous Gonnet du Bois-d'Oingt, Charrin de Condrieu, comme longtemps encore on répétera Armand de Denicé, Piéron de Chazay-d'Azergues.

Exerçant dans un canton que jadis enrichît et paludisa la culture du chanvre, qu'aujourd'hui peuple et trop souvent mutile le développement de l'industrie, Marmonier s'est maintenu cinquante ans durant à la hauteur de cette rude tâche, et la popularité qui va lui survivre ne s'égare pas lorsqu'elle consacre ainsi toute une existence de probité, de zèle philanthropique, de labeur scientifique et professionnel.

Le nom de Marmonier est dignement continué par son fils, dès longtemps attaché à la médecine militaire.

***Gazette hebdomadaire de médecine et de chirurgie* du 30 mai 1891**

Nous apprenons avec un vif regret la mort du Dr Marmonier père, de Domène.
Né à Montagnieu, le 13 septembre 1813, notre vénéré confrère, aussitôt après avoir été reçu docteur en Médecine à la faculté de Montpellier, rejoignit le corps expéditionnaire de l'Algérie et, en 1841, seul valide parmi les médecins militaires de la garnison rendit à l'armée et à la population civile de Fondouck les plus signalés services. Démissionnaire en 1843, il pratiqua à Domène la transfusion du sang dont le succès complet eut un grand retentissement, et contribua à vulgariser cette pratique. Durant près d'un demi-siècle, il exerça la médecine avec une activité et un désintéressement qui lui ont valu la reconnaissance de tous ses concitoyens. Il laisse à son fils le Dr Marmonier, médecin major de 1ère classe de l'armée, le souvenir des traditions d'honnêteté et de dévouement qui sont l'honneur de la profession médicale.

***Gazette des Hôpitaux* du 28 mai 1891, *Union médicale* du 2 juin 1891 et *Journal de Médecine et de Chirurgie pratiques* du 30 juin 1891**

Nous avons le vif regret d'annoncer la mort de M le Dr Marmonier père, de Domène, ancien médecin militaire. Après les plus honorables services rendus en Afrique, notre confrère était rentré au pays natal où il a exercé pendant quarante-huit ans avec la plus grande distinction. Récemment une fête intime réunissait le docteur Marmonier et deux femmes : sur l'une il avait pratiqué, il y a quarante ans, la transfusion du sang, et l'autre avait généreusement donné son sang.

M le docteur Marmonier laisse un fils qui, médecin militaire lui-même, a pris pour sujet de sa thèse : « La transfusion ». Cette thèse, couronnée par la Faculté de Médecine de Montpellier, fut soutenue en présence de notre regretté confrère, et donna lieu à une scène des plus touchantes.

Montpellier Médical du 1er juin 1891

Récemment vient de s'éteindre à Domène, un docteur de notre Faculté dont le nom mérite d'être inscrit dans l'histoire de la médecine pratique.

Le docteur Marmonier père pratiqua, le 3 janvier 1851, avec un outillage improvisé et très incomplet la première transfusion du sang avec succès, faite en France dans les temps modernes. Trois jours avant, Nélaton en avait pratiqué une sans succès.

Tout récemment encore, la malade à qui cette opération avait sauvé la vie réunissait dans une fête intime l'amie qui avait fourni son sang pour la transfusion, et l'éminent praticien à qui elle devait de vivre et d'être mère de famille quarante ans après, et qui devait, lui-même succomber bientôt à une hémorragie cérébrale presque foudroyante.

Le nom continue à être honorablement porté par le docteur Marmonier fils, médecin major de 1ère classe, qui a soutenu devant notre Faculté une thèse remarquable sur le même sujet de la transfusion du sang, à l'histoire de laquelle le nom de son père restera toujours attaché.

Bulletin Médical du Service de Santé Militaire du 11 juin 1891

Le docteur Marmonier qui vient de s'éteindre à Domène, à l'âge de 78 ans, ancien sous-aide de l'armée d'Afrique, père du médecin-major de 1ére classe Marmonier, joignait à des services militaires méritoires l'honneur d'avoir pratiqué seul, à la campagne, dans les circonstances les plus critiques, une opération de transfusion du sang suivie de succès, à une époque où on ne connaissait encore que l'observation, d'ailleurs toute récente, de Nélaton.

II) Allocutions prononcées à l'occasion de l'inauguration du monument érigé en l'honneur du docteur Marmonier père

Allocution de M Etienne maire de Domène

Le 17 novembre 1891, moins de six mois après la mort du Dr Marmonier père, le conseil municipal pris à l'unanimité de ses membres présents, une délibération qui consacrait le principe de ce monument.
Les plus vives sympathies accueillirent ce projet et c'est grâce au concours empressé de tous, qu'il a pu triompher, en si peu de temps, des formalités administratives et des nécessités de la mise en œuvre.
Né dans l'Isère en 1813, le Dr Marmonier vint à l'âge de 30 ans, après de brillants états de service militaire, se fixer dans notre région.
Des voix plus autorisées que la mienne vous parleront du soldat et du docteur. C'est de l'homme, du modeste autant qu'habile médecin de campagne que ses concitoyens garderont surtout le souvenir.
Quand un homme de talent se résigne et se dévoue à l'ingrate médecine rurale, quand après y avoir consacré la plus grande partie de sa vie il emporte le respect et les regrets de tous, on peut dire de lui qu'il a su élever sa tâche à la hauteur d'un sacerdoce.
C'est à la campagne que le médecin rencontre le plus de défiances, le plus de préjugés à vaincre. C'est là peut-être qu'il a le plus de talent à déployer pour inspirer confiance : c'est là qu'il éprouve le plus de déboires. Mais c'est là aussi que la reconnaissance publique se manifeste avec le plus d'intensité ; c'est à la campagne, où les secours médicaux sont souvent si longs et si difficiles à obtenir, que justice est véritablement rendue, au vrai zèle, au vrai dévouement, au vrai désintéressement du médecin.
Le docteur Marmonier a vécu pendant 48 ans, un demi-siècle ! au milieu de nous. C'est le plus bel éloge que je puisse lui faire de sa carrière, c'est la preuve la plus éclatante de la cordialité des liens qui l'unissaient à la population toute entière.
Toujours alerte, toujours vigoureux, toujours jeune même, il a conservé entre ses mains, jusqu'à la dernière année de sa vie, tous les services administratifs du canton.
Il fut aussi rigoureux, aussi sévère pour lui-même que pour les autres en tout ce qui touchait au devoir professionnel. Aussi dès qu'il sentit ses forces faiblir, dès qu'il comprit que son grand âge n'allait bientôt plus lui permettre d'assurer la régularité de ses fonctions, il nous présenta lui-même son successeur. Il abdiquait à regret peut-être, mais avec honneur et par

devoir. Honneur et devoir ! Deux mots qui résumaient sa devise ; deux sentiments qui furent la règle invariable de sa vie.
Au nom de la municipalité, au nom de la population toute entière, je suis heureux d'inaugurer officiellement cette œuvre d'un artiste de mérite, ce bronze qui reproduit si bien la physionomie énergique et intelligente de notre ami.
Ce monument, pieux hommage d'un fils respectueux et reconnaissant, perpétuera parmi nous le souvenir d'un homme de bien.

Allocution de M le Pr Grasset délégué par la Faculté de Médecine de Montpellier

Si, dans ce jour de reconnaissance publique, le département de l'Isère peut se glorifier d'avoir vu naitre Marmonier, si la ville de Domène peut s'honorer de l'avoir possédé presque pendant un demi-siècle, la Faculté de Médecine de Montpellier peut s'enorgueillir de l'avoir fait naitre à la science et à la médecine, de lui avoir ouvert les portes qui l'on conduit à la renommée.
Aussi, lorsque Domène a si noblement compris son devoir d'honorer la mémoire son illustre compatriote, Montpellier n'a pu rester indifférent à la gracieuse invitation qui lui été adressée d'assister à vos fêtes, et vous me permettrez de dire tout le bonheur que j'ai personnellement éprouvé, lorsque se rappelant mes attaches familiales avec vos belles Alpes et surtout ma belle amitié avec le fils de celui qui est aujourd'hui l'objet de cette imposante manifestation, la Faculté me fait l'honneur de me désigner officiellement à cette inauguration.
Par de nombreux côtés, Marmonier a mérité la reconnaissance de ses concitoyens et l'attention de la France entière et du monde savant. Mais il en est un, sur lequel sa vie entière se concentre et qui la résume, côté bien actuel et bien consolant : c'est la décentralisation, j'allais dire la démocratisation de la science et de la chirurgie.
Certes, c'est une grande gloire d'avoir le premier en France refait avec succès la transfusion du sang, condamnée et tombée dans l'oubli depuis plus de deux siècles et le rénovateur de cette opération qui rend et qui est appelé à rendre tant de services à l'humanité méritait à tous égards de fixer la reconnaissance du Dauphiné.

Au XVIIe et peut-être XVIIe *siècle, ont avait, parait-il, encore trop de sang dans les veines et les « pédants sanguinaires » du temps de Guy Patin, pouvaient pratiquer un grand nombre de saignées dans le cours d'un rhumatisme et proclamer avec Botal que « le sang dans le corps humain est*

comme l'eau dans une bonne fontaine, plus on en tire plus il en sort ». Les temps ont bien changé !
Parmi les centenaires qui occupent notre fin de siècle, on en a négligé un, bien important cependant : celui de l'anémie et de son héritière la névrose, qui datent de la révolution et des grandes guerres du 1er empire et qui dominent si cruellement notre époque.
C'est donc une opération bien opportune que Marmonier a réalisée le premier avec succès dans notre pays, et il mérite d'être classé parmi les bienfaiteurs de l'humanité, ce docteur de Montpellier, qui a su sauver une mère à la France en lui transfusant le sang généreux d'une amie courageuse.
Mais plus grande encore est sa gloire d'avoir montré que cette grave et si féconde opération, que la grande chirurgie toute entière est à la disposition du paysan et du propriétaire aussi bien que du capitaliste de l'industriel, et qu'elle n'est l'apanage ou le monopole d'aucune classe de la société.
C'est là du socialisme de la bonne école. Trop de personnes sont portées à penser que la vraie médecine et la saine chirurgie existent seulement dans les grands centres, auprès des maitres, que la perfection de l'outillage et le luxe des collaborateurs sont des conditions absolues du succès, et que, par suite, ce sont là des bienfaits hors de portée des petites gens et des petites bourses, pour la province et surtout pour la campagne. C'est là une erreur profonde !
Aujourd'hui un médecin éclairé et consciencieux, un chirurgien adroit et soigneux, peut prolonger la vie du paysan, de l'ouvrier et du laboureur au même titre et avec plus de succès que les grands chefs des capitales ne peuvent le faire pour les riches et les puissants. La vraie et grande médecine est à la portée de tous.
Voilà ce que Marmonier a puissamment contribué à démontrer, bien avant que la merveilleuse pratique de l'antisepsie ait rendu la chose banale. Voilà le grand service qu'a rendu votre compatriote, Messieurs, voilà son premier et plus beau titre à l'illustration.
« Quelle horrible peine, a dit La bruyère, a un homme qui n'est sans prôneurs, et sans cabale, qui n'est engagé dans aucun corps, mais qui est seul et qui n'a que beaucoup de mérite pour toute recommandation, de se faire jour à travers l'obscurité où il se trouve, et de venir au niveau d'un fait qui est en crédit ! ».
Ce tour de force, Marmonier l'a accompli, et lui, l'homme humble et modeste entre tous, il a mérité et conquis les suprêmes honneurs que nous lui rendons aujourd'hui.
C'est que cette œuvre de décentralisation scientifique et de réhabilitation professionnelle n'est point banale. En l'accomplissant, Marmonier a bien mérité de ses confrères, et spécialement de ses modestes confrères des

campagnes, dont nous saluons et couronnons aujourd'hui l'incessant et utile dévouement trop souvent récompensé par la seule ingratitude ; il a bien mérité de son pays, à qui il a rendu tant de services et qui s'honore aujourd'hui par le beau monument que nous inaugurons ; il a bien mérité de la Faculté de Montpellier, dont il a personnifié, propagé et fait admirer les enseignements et la doctrine.

Toute notre vie, Messieurs, rappelons-nous, Marmonier, et imitons-le ; car :

Les morts sur l'avenir ne ferment pas le sceau
Leur vie est un exemple et leur tombe un berceau.

Allocution de M le Dr Doyon, délégué par le Comité du *Lyon Médical*

Messieurs,

Enfant du pays qui illustra son pays. C'est en ces termes que je comprends, que nous comprenons tous, l'hommage exceptionnel payé aujourd'hui à la mémoire de Marmonier par sa patrie adoptive. Les services prodigués pendant quarante ans par son inépuisable charité, par son zèle désintéressé, ce n'est pas ici, où ils ont été rendus, au milieu de ceux qui, sans une seule exception pourrait-on dire, en ont été l'objet, qu'il est nécessaire de les rappeler. Et pourtant une pensée, un souvenir me frappent dont l'expression à cette place ne saurait être inopportune. Il y a bien peu de temps, non loin d'ici, une fête semblable réunissait les obligés d'un autre grand bienfaiteur médical, de Polosson, à Bourgoin. N'est-ce pas un touchant spectacle, un consolant rapprochement, que ce double tribut si louablement mérité par l'un des nôtres et si libéralement payé par l'intelligente population dauphinoise qui n'a jamais connu l'ingratitude.

Mais, parlant devant vous, en vertu d'une délégation d'un organe de la presse médicale lyonnaise, je ne puis passer sous silence l'acte chirurgical qui fut pour Marmonier un titre incontournable, non seulement d'honneur mais de gloire. Tout a été dit sur ce trait de génie dû à la plus haute inspiration philanthropique. Et, toutefois, ce ne dut pas être là, dans la carrière professionnelle de notre confrère un fait isolé. L'homme qui fut capable d'improviser un tel secours savait, n'en doutons point, créer des ressources pour toutes les détresses, contre tous les périls. Et combien de fois, dans les hameaux espacés de notre région montagneuse, la nécessité ne lui en a-t-elle pas imposée ? C'est donc avec une pleine certitude que j'envisage, et qu'il nous faut considérer dans la légendaire transfusion un spécimen de toutes les innovations opératoires qu'il multiplia dans sa clientèle rurale : autant de bonnes œuvres à porter à son actif et dont les

bénéficiaires attendaient sans doute impatiemment, en ce jour, l'occasion de s'associer par leur présence à la cérémonie.
Honneur à l'heureux rénovateur d'un procédé qui élève le médecin au niveau d'un créateur, et, permettez-moi de le dire aussi, au nom de l'ancienne et intangible sympathie qui unit si étroitement les liens de plus en plus resserrés d'une affectueuse estime, les corps médicaux de Grenoble et de Lyon.
Honneur à la mémoire de ce praticien modeste qui, pendant sa longue et laborieuse carrière, a rempli toute sa tâche ! Cette existence consacrée au bien est un bel exemple pour tous. Elle est la personnification la plus pure et la plus complète du mérite et du dévouement. Honneur à Marmonier !

Allocution de Mr le Dr Boffard, successeur du Dr Marmonier père

Messieurs,
Des voix plus autorisées et plus éloquentes que la mienne viennent de vous retracer la longue et belle carrière du Dr Marmonier. Ce que je veux apporter ici à mon tour, c'est le tribut de ma reconnaissance personnelle. Appelé et accueilli à Domène par ce distingué et regretté confrère, guidé trop peu de temps par les conseils de son expérience, je me fais un devoir de joindre l'expression particulière de ma vénération t de mes hommages à l'imposante manifestation qui nous est donnée de contempler aujourd'hui.
Successeur de l'homme de bien, du praticien zélé, du chirurgien de talent, du savant que fut Marmonier, je connais, Messieurs, la lourde tâche assumée ; l'héritage de gloire et de labeur est lourd à porter. L'exemple du prédécesseur vénéré, son souvenir que je retrouve, pour ainsi dire journellement, au chevet des malades, ses habitudes restées, je dirais volontiers sa méthode, facilitent mon œuvre, secondent mes efforts, encouragent le dévouement que j'apporte à nos populations laborieuses.
Le monument que nous inaugurons consacre toute une longue existence de probité, de zèle philanthropique, de labeur scientifique et professionnel. L'image de Marmonier subsistera toujours dans ce pays qu'il a aimé, pour y rappeler d'une façon constante les services qu'il a rendus, pour perpétuer sa mémoire honorée pour rappeler aussi l'exemple de piété filiale donnée par son digne fils.
C'est ainsi, Messieurs, que survit l'œuvre de Marmonier. C'est ainsi que sont conservées ces traditions d'honnêteté et de dévouement dont il a donné un si bel exemple, et qui sont l'honneur de la profession médicale.

Allocution de M le Dr Charles Marmonier, son fils

Messieurs,

Après les éloges qui viennent d'être donnés à celui dont le souvenir m'est cher entre tous, après le tribut d'hommages qui lui sont rendus avec tant d'unanimité, permettez-moi de vous témoigner ma reconnaissance la plus sincère et la plus profonde. Je regrette vivement que ma parole soit impuissante à reproduire les sentiments de mon âme.

C'est à vous que je m'adresse tout d'abord, Messieurs les membres du Conseil Municipal ; je vous remercie dans la personne de votre honorable maire, à l'initiative duquel est dû l'érection de ce monument. Je vous prie d'agréer, ainsi que lui, l'expression de ma vive gratitude.

Merci au gouvernement pour l'empressement avec lequel il s'est associé au vœu d'une population reconnaissante autant qu'intelligente. Merci à vous, mon général, dont la présence rehausse l'éclat de cette fête, merci à vous qui avez bien voulu vous souvenir de moi, heureux d'avoir servi sous vos ordres ;il a pour moi un double prix cet hommage que rend aujourd'hui votre haute personnalité à un ancien membre du corps de santé militaire, qui a compté votre père parmi ses représentants les plus distingués.

Merci à vous, M le Pr Grasset, je suis heureux de la présence à cette cérémonie d'une autorité scientifique aussi incontestée que la vôtre et qui fait de vous l'un des plus illustres représentants de cette Faculté, à laquelle vous appartenez et dont mon père est sorti. En vous délégant officiellement pour prendre part à cette manifestation en l'honneur d'un médecin regretté, la Faculté de Médecine de Montpellier ne pouvait faire un choix meilleur et qui me fut personnellement plus agréable, en raison des relations qui nous unissent depuis vingt-cinq ans.

Merci à l'artiste distingué qui a reproduit avec un si vrai talent les traits de celui qui nous a quittés et le fait ainsi revivre parmi nous. Merci à vous, mes chers confrères, qui êtes venus apportés par la voix amie de l'honorable Président de votre association, un dernier témoignage d'estime confraternelle à celui que vous connûtes si longtemps, vivant à côté de vous, de la même vie de labeur et de dévouement. Merci à mes confrères de Lyon qui ont tenu à se faire représenter par le distingué Dr Doyon. Merci à vous mes amis et anciens condisciples, merci à vous mes anciens camarades de l'armée votre présence à mes côtés est une preuve de sympathie dont je conserverai le fidèle souvenir.

Merci à vous, anciens amis de mon père, qui avez bien voulu rester les miens ; merci à vous tous, habitants de cette région, accourus ici et en si grand nombre et dont le concours empressé rappelle mieux que de longues paroles combien vous fut dévoué celui qui, pendant quarante-huit ans, vous consacra chaque jour de son existence.

A toi, mon père, dont la vie a été est sera toujours pour moi un exemple, Salut !

III) Articles de presse relatant l'inauguration du monument érigé en l'honneur du docteur Marmonier père

Le Dauphiné du 25 septembre 1892

Domène célébrera, le 15 octobre prochain, par un grand banquet précédé de discours et suivis de toasts, l'inauguration d'un monument élevé à la mémoire de Mr le Dr Marmonier père dont toute la longue vie de médecin dévoué à son art et à ses malades s'est passée dans ce pays. Le monument destiné à rappeler le souvenir de l'honorable praticien s'élèvera sur la place de l'église.

Journal *le Dauphiné* 2 octobre 1892 par L.-Xavier Drevet

Le médecin auquel Domène va élever un monument : - fontaine surmontée d'un buste- sur sa place principale, ne fut pas seulement un médecin de village tel que le veut la tradition. Mr le Dr Marmonier père, qui a pratiqué pendant toute sa carrière l'art médical dans cette vallée du Graisivaudan, où il était très aimé et fort populaire, était une nature ouverte aux recherches, ne s'ancrant pas dans les vieilles doctrines ; son esprit toujours en éveil, demandait sans cesse aux découvertes modernes de l'aider à soulager les maux dont il était le témoin journalier. Un de ses titres les plus grands à l'hommage qui va lui être rendu, le 9 octobre, est la remise en usage et le succès obtenu par lui dans l'opération délicate de la transfusion du sang. Cette ultima ratio de la médecine qu'on tente maintenant d'opposer, même au choléra, fut employée par lui dans un cas mémorable avec une réussite parfaite. Dire que le Dr Marmonier a laissé la mémoire d'un praticien de mérite, d'un homme de bien, serait répéter ce que personne n'ignore, puisqu'il est notre contemporain. Les discours qui vont être prononcés dimanche prochain, à Domène, et que les journaux quotidiens ou spécialistes ne manqueront pas de recueillir, rappelleront ses mérites mieux que je ne saurais le faire ici. Un grand nombre de nos lecteurs, du reste, iront les entendre et les applaudir.

Journal *le Dauphiné* du 16 octobre 1892

L'inauguration du monument élevé au Dr Marmonier sur la place principale de Domène a eu lieu dimanche 9 octobre, ainsi que nous l'avions précédemment annoncé. Le buste qui surmonte la fontaine monumentale est l'œuvre du sculpteur Eustache Bernard, directeur de l'école de moulage artistique de la ville de Grenoble. Le modèle de la fontaine est dû à Mr Revol, de Tencin, architecte à Paris. Un grand nombre de médecins assistaient à la cérémonie. Mr le Pr Grasset, au nom de la faculté de médecine de Montpellier, a pris la parole après Mr Etienne, maire de Domène. On a entendu ensuite Mr le Dr Doyon d'Uriage, délégué du Lyon Médical, Mr le Dr Boffard et Mr le général de division Lespiau. On sait que Mr le Dr Marmonier père fut, comme son fils l'est encore, médecin de l'armée. En 1839, il était attaché comme médecin militaire au corps expéditionnaire en Algérie, et obtint, dans l'exercice de ses fonctions, une citation à l'ordre du jour. Un banquet colossal a suivi l'inauguration. Le soir, Domène était illuminée.

L'Avenir de l'Isère du 11 octobre 1892

Hier a eu lieu à Domène l'inauguration du monument érigé à la mémoire du Dr Marmonier père, décédé l'an dernier. Rappelons en quelques mots la carrière de ce « rénovateur de la transfusion du sang », carrière bien remplie mais trop connue de nos concitoyens pour que nous ayons besoin d'insister longuement.

Le Dr Marmonier père est né en 1813, dans le département de l'Isère. Au début de sa carrière en 1839, il fut attaché comme médecin militaire au corps expéditionnaire de l'Algérie ; sa conduite lui valut une citation à l'ordre du jour de l'armée.

Démissionnaire en 1842, il se fixa à Domène où il exerça la médecine pendant près d'un demi-siècle avec distinction et avec une activité et un désintéressement qui lui ont valu la reconnaissance de tous ses concitoyens. Sa vie montre combien le titre modeste de médecin de campagne peut abriter aussi bien de véritable science et de talent que de dévouement et d'abnégation.

Son nom retentit il y a quarante ans dans toute la presse médicale et scientifique. Il fut en effet, en 1841, le premier chirurgien français qui refit avec un succès complet (et c'est là son premier titre à l'illustration) sans autres instruments que ceux de sa trousse, sans autres aides que d'inexpérimentés villageois, la transfusion du sang, condamnée et tombée dans l'oubli depuis plus de deux siècles. Ce succès obtenu à la campagne, dans des conditions aussi peu favorables, eut pour résultats de faire entrer cette opération dans la pratique de la vie courante. Il permet de ranger le Dr Marmonier père parmi les bienfaiteurs de l'humanité.

Le monument qui vient d'être élevé à sa mémoire est placé sur une fontaine au milieu de la place de Domène. Du milieu du bassin s'élève une pyramide style Louis XIV, portant le buste en bronze. Sur la face principale nous lisons : « Au docteur Marmonier père, rénovateur de la transfusion du sang ». La base des faces latérales est ornée de deux griffons en bronze, aux ailes largement déployées. Le buste est l'œuvre de notre compatriote et distingué sculpteur Eustache Bernard. La fontaine a été dessinée par un jeune architecte de Paris, Mr Revol, originaire de Tencin.

Une foule nombreuse encombre les voies conduisant à la place de l'église. L'emplacement du monument est coquettement décoré et sur la place, oriflammes, drapeaux et guirlandes à toutes les fenêtres. On remarque dans l'assistance la présence des médecins militaires de la garnison de Grenoble, de Mr le général Lespiau, commandant de la division, d'un grand nombre d'officiers, de nombreux médecins de Grenoble et du département : MM les docteurs Grasset, professeur à la Faculté de Montpellier, Linossier de Lyon, Allard, Berlioz, Chapuis Eyssautier, Gaillard, Giraud, Montaz, Petit, Turrel de Grenoble ; Chalvet de St-Marcellin ; Haste de Romans ; Mansord du Grand Lemps ; Ploussu du Touvet ; Sarret de Goncelin ; Doyon d'Uriage ; Bravet de Barraux. Annequin médecin en chef de l'hôpital militaire ; Achard, Bédoin, Baïssas, Chêne, Françon, Grémiou-Menuau, Esprit, Jacquin, Lené, Ocan frères, médecins majors ; outre le général de division Lespiau, le colonel Brunet et beaucoup d'autres officiers de toutes armes ; le marquis de Monteynard ; le comte de Galbert ; de Franqueville inspecteur des chemins de fer ; J. Biron capitaine ingénieur des pompiers ; d'Apvril, Royer, Deloche, Matussière industriel à Domène ; Dodos capitaine des sapeurs-pompiers de Domène.

La cérémonie commence à onze heures. Le cortège qui part de l'Hôtel de Ville est salué par trois coups de canon. L'excellente fanfare de Domène le précède. La compagnie des sapeurs-pompiers forme une haie autour du monument. Le voile qui recouvre le buste est enlevé et Mr Etienne, maire de Domène, prend le premier la parole : « le 17 novembre 1891, moins de six mois après la mort du Dr Marmonier père, le conseil municipal prit, à l'unanimité, de ses membres présents une délibération qui consacrait le principe de ce monument. Les plus vives sympathies accueillirent ce projet et c'est grâce au concours empressé de tous qu'il a pu triompher, en si peu de temps, des formalités administratives et des nécessités de mise en œuvre ». Mr Etienne retrace la vie du Dr Marmonier et termine ainsi : « il fut aussi rigoureux, aussi sévère pour lui-même que pour les autres, en tout ce qui touchait au devoir professionnel. Aussi dès qu'il sentit ses forces faiblir, dès qu'il comprit que son grand âge n'allait plus bientôt lui permettre d'assurer la régularité de ses fonctions, il nous présenta lui-même son successeur. Il abdiquait, à regret peut-être, mais avec honneur et par devoir. Honneur et devoir, deux mots qui résumaient sa devise ! Deux sentiments qui furent la règle invariante de sa vie. Au nom de la municipalité, au nom de la population toute entière, je suis heureux d'inaugurer officiellement cette œuvre d'un artiste de mérite, ce bronze qui reproduit si bien la physionomie intelligente et énergique de notre ami. Ce monument, pieux hommage d'un fils respectueux et reconnaissant, perpétuera parmi nous le souvenir d'un homme de bien ».

Mr le Professeur Grasset, délégué par la Faculté de Montpellier, prend ensuite la parole. Il rappelle que le Dr Marmonier a été l'élève de cette Faculté et dit combien il a été heureux d'être délégué par elle à cette cérémonie. Il retrace au point de vue scientifique la tâche et l'œuvre accomplies par le défunt. Mr le Dr Turel, professeur à l'Ecole de Médecine de Grenoble, Mr le Dr Doyon délégué du comité de Lyon, Mr le général de division Lespiau, Mr le Dr Boffard médecin à Domène prennent ensuite successivement la parole et font l'éloge de l'homme de bien et du savant dont la mémoire sera impérissable dans la contrée.

Mr le Dr Marmonier fils prononce le dernier discours. Il remercie en termes émus tous ceux qui ont contribué au solennel hommage rendu à la mémoire de son père : le conseil municipal de Domène, le gouvernement, les officiers, Mr le Pr Grasset, tous ses confrères et enfin l'artiste distingué qui a reproduit avec un si réel talent les traits de celui qui n'est plus.

Des applaudissements répétés accueillent chaque discours. La cérémonie est terminée. Un détail particulier à noter : la femme que le Dr Marmonier sauva d'une mort certaine en 1851, en pratiquant la transfusion du sang, assistait à cette cérémonie, accompagnée de l'amie qui lui avait si généreusement offert son sang.

On se rend alors dans la salle du banquet où deux cents couverts ont été disposés pour les invités. On fait les plus grands honneurs au repas très bien servi par Mr Baup, maitre d'hôtel. Au dessert Mr le maire Etienne a remercié les invités en termes chaleureux qui ont été vivement applaudis. Mr le Dr Marmonier fils a remercié l'assistance de tout son dévouement à cette fête de reconnaissance et d'hommages. La fanfare a exécuté pendant tout le repas divers morceaux de son répertoire qui ont été applaudis. Les clairons des pompiers ont aussi reçu des applaudissements pour les sonneries exécutées pendant le repas. Le soir les illuminations étaient nombreuses et brillantes. La fête a été terminée par un bal populaire sous le préau de l'école des filles.

BIBLIOGRAPHIE

I) Ouvrages

1. André Louis : *Aristide Bergès, une vie d'innovateur : De la papeterie à la houille blanche*, PUG, 2014, 368p
2. Borgis Jean-Pierre, Domène au XIXe siècle. *Etude économique et sociale d'une commune de la vallée du Grésivaudan,* Mémoire de Maitrise, Université des Sciences Sociales, Grenoble, 1977, 801 p
3. Borgis J-P., Magnin R. et Bailly J., *Un grand médecin dauphinois : le Docteur Marmonier (1813-1891) père de la transfusion sanguine en France*, Domène, Mairie, 1992, 32p
4. Bouchayer François, *Les pionniers de la Houille Blanche et de l'électricité*, Dalloz-Paris, 1954, 138 p
5. Dreyfus Paul, *La vie quotidienne en Dauphiné sous la IIIe République*, Hachette littérature, 1974, 270p
6. Léonard Jacques, *La France médicale au XIXe siècle*, Collections archives (N°73), Gallimard, 1978, 288p
7. Léonard Jacques, *La vie quotidienne du médecin de province au XIXe siècle*, Hachette, 1977, 285p
8. Marmonier Charles, *De la Transfusion du sang*, V. Masson (Paris), 1869, In-8°, 164p
9. Oré Pierre Cyprien, *Etudes historiques, physiologiques et cliniques sur la transfusion du sang*, 2e édition, JP Baillière et fils, libraires-éditeurs, Paris 1876, 723p
10. Perrier Ch. Léon, *Histoire de Domène*, réédition : Res Universis, 1990, 99p
11. Ruffié Jacques et Sournia Jean-Charles, *La transfusion sanguine*, Fayard éd., 1996, 542p

12. Spillemaeker Chantal et André Louis, *Papetiers des Alpes*, Grenoble, Musée Dauphinois, 2005, 160 p
13. Union Départementale des donneurs de sang de l'Isère-la Providence, Vizille : *Le Dr Marmonier père précurseur de la transfusion sanguine*, Imprimerie Guirimand Grenoble, dépôt légal 4éme trimestre 1980, 26p

<u>Thèses</u> (médecine)

- Bos Jean-Luc, *Le médecin de campagne en France au XIXe siècle*, Thèse médecine Limoges, 9 octobre 1992, 81p
- D'Amico Roland, *Le métier de médecin rural en France, Historique depuis la Révolution Française*, Thèse médecine Nancy, 14 décembre 2005, 204p
- Marmonier Melchior, *Les indications et contre-indications de la lithotritie et de l'influence de l'âge sur son application et ses résultats*, thèse médecine, Montpellier, 21 août 1840, imprimerie Ricard, 35p

<u>Livres à (re)lire</u>

- *Le médecin de campagne,* Honoré de Balzac (1833) https://ebalzac.com/edition/61-medecin-campagne/furne-corrige
- *Madame Bovary,* Gustave Flaubert (1857)

II) <u>Articles</u>

Scientifiques

1. Bacconnet Denise : *L'industrialisation d'une grande vallée alpestre et ses répercussions démographiques et rurales : Le*

Grésivaudan, Revue de Géographie Alpine, Année 1956, 44-1, pp. 99-166

2. Blundell J., *Observations on Transfusion of the Blood* (1829), Lancet, 11: 321-324
3. Busson Henri, *Le développement géographique de la colonisation agricole en Algérie* : Annales de géographie, Année 1898, 31, pp. 34-54
4. David Louis. *Les roches utilisées dans la construction de la ville de Lyon*. In: Bulletin mensuel de la Société linnéenne de Lyon, 45e année, n°7, septembre 1976. pp. 6-10
5. Ducloy-Bouthors A.-S. et al., *Prise en charge d'une hémorragie du post-partum*, Société de réanimation de langue française, 2007, Elsevier Masson éd.
6. Fredj Claire, *Les médecins de l'armée et les soins aux colons en Algérie (1848-1851),* Dans Annales de démographie historique, 2007/1 (n° 113), pages 127 à 154, Belin éd.
7. Guillemain Hervé, *Devenir médecin au XIXe siècle, vocation et sacerdoce au sein d'une profession laïque,* in Annales de Bretagne et des Pays de l'Ouest, tome 116, n°3, Presses universitaires de Rennes, 2009, p109-123
8. Goubert Jean-Pierre, *La France s'équipe. Les réseaux d'eau et d'assainissement. 1850-1950,* Les Annales de la Recherche Urbaine, Année 1984, 23-24 pp. 47-53
9. Huard P., *Le Service de Santé des Armées en Algérie (1830-1958).* Revue d'histoire des sciences, Année 1960, 13-3, pp 283-284
10. Jaulin P., Lefrère J.-J., *Les premières transfusions sanguines en France (1667–1668),* Transfusion Clinique et Biologique, 17 (2010) 205–217
11. Léonard Jacques. *Les études médicales en France entre 1815 et 1848.* In: Revue d'histoire moderne et contemporaine, tome 13 N°1, Janvier-mars 1966. pp. 87-94 ;
12. Marmonier Melchior : *Détails sur l'opération de transfusion, Gazette des hôpitaux*, Paris, 18 mars 1851.

13. Nélaton Auguste, Société de Chirurgie, Séance du 18 décembre 1850, Gazette des hôpitaux civils et militaires, 14 janvier 1851, tome 24, Paris

14. Nouschi André, *Notes sur la médecine et la démographie en Algérie de 1840 à 1880,* Annales de Démographie Historique, 1973 pp. 523-533
15. Ozier Y. ; *Caractéristiques évolutives des CIVD au cours de la grossesse, du sepsis, des traumatismes graves, et de l'insuffisance hépatique* ; Réanimation 2002 ; 11 : 618-28, Éditions scientifiques et médicales Elsevier
16. *Recommandations pour la pratique clinique, Hémorragies du post-partum immédiat*, J Gynecol Obstet Biol Reprod/Volume 33, supplément au n° 8, 2004
17. Vadot Louis, *Histoire énergétique du ruisseau de la Combe de Lancey*, Le Monde alpin et rhodanien. Revue régionale d'ethnologie, n°3-4/1987. Industrie, techniques et patrimoine, sous la direction de Jean Guibal et Jacques Vallerant, p. 76-81
18. Verner Germaine, *L'agriculture du Grésivaudan*, Revue de Géographie Alpine, Année 1937, 25-2, pp. 273-346

De presse

- **Articles de presse divers**
    - Marguet Gaston, Le 28 août 1851 création de la commune du Fondouk, dans *L'Echo d'Alger* du 28/08/1913 (extraits)
    - *L'avenir de l'Isère* du 11 octobre 1887 (inauguration de la nouvelle école de Domène)
    - *L'avenir de l'Isère* du 17 mai 1890 (accident du travail)
    - *L'actualité Dauphinoise* N° 30 d'octobre 1890 (Lancey, un curieux anniversaire)

- **Articles de presse annonçant le décès et les obsèques du Dr Marmonier**
    - *Le petit Dauphinois* N° 2315 du 27 mai 1891
    - *Gazette des Hôpitaux* du 28 mai 1891 (avec rappel biographique)
    - *Le Réveil du Dauphiné* du 29 mai 1891
    - *La Gazette hebdomadaire de Médecine et de Chirurgie* 30 mai 1891 (avec rappel bibliographique
    - *Lyon Médical* du 31 mai 1891 (avec rappel biographique)

  - *Le Petit Dauphinois* N° 2319 du 31 mai 1891
  - *Montpellier Médical* du 1er juin 1891 (avec rappel biographique)
  - *Union Médicale* du 2 juin 1891 (avec rappel biographique)
  - *Bulletin Médical du Service de Santé Militaire* du 11 juin 1891 (avec rappel biographique)
  - *Journal de Médecine et de Chirurgie pratiques* du 30 juin 1891 (avec rappel biographique)

- **Articles de presse annonçant l'inauguration du monument du Dr Marmonier père**
  - *Le réveil du Dauphiné* du 10 octobre 1892 (avec le discours du Pr Grasset)
  - *Journal le Dauphiné* 2 octobre 1892 (par L.-Xavier Drevet)
  - *Le réveil du Dauphiné* du 10 octobre 1892 (avec le discours du Pr Grasset)
  - *L'Avenir de l'Isère* du 11 octobre 1892

- **Articles de presse relatifs au Dr Charles Marmonier**
  - *Les Alpes pittoresques* du 15 juin 1904
  - *République de l'Isère* du 13 mars 1923

- **Articles de presse contemporains**
  - *Dauphiné Libéré* du 27 octobre 1979 (N°2877) article de René-Louis Lachat sur l'hypothétique entrevue d'Otto Zeller et de Melchior Marmonier le 16 décembre 1851
  - *Dauphiné Libéré* (édition La Tour du Pin) du 14 novembre 1985 : MT : le Dr Marmonier un médecin de campagne dont la découverte allait transformer le monde de la science

III) <u>Documents divers</u>

Archives

Archives du Service Historique des Armées.

- Dossier militaire et médical de Marmonier Melchior (1840-1843)

Archives départementales de l'Isère [AD 38]

- **Actes de naissances, et décès** de Melchior Marmonier et de sa famille proche (épouse, parents et beaux-parents) : communes de Montagnieu, Torchefelon, Tencin, Domène et Grenoble,

- **Série Q** : Enregistrement bureau de l'enregistrement de Domène. 3Q8MUT/DC 1891-déclaration des mutations par décès

- **Série 3E :** Minutiers de Me Recoura, notaire à Domène
  - 3 E 13117 – Acte 276 du 5 mai 1862
  - 3 E 13117 – Acte 280 du 11 mai 1862
  - 3 E 13122 – Actes 1660 et 1770 du 12 octobre 1867 et décembre 1867 : licitation des mines d'anthracite de la Boutière
  - 3 E 13123 – Acte 1779 du 9 mars 1868 : vente
  - 3 E 29954 – Souscription obligation auprès de Pierre Bergès, 27 août 1869
  - 3 E 8255 – Actes des 18 et 22 juillet 1871 : dissolution de la Société Marmonier-Bergès
  - 3 E 13127 – Acte 2698 du 24 avril 1872 : vente
  - 3 E 13128 – Acte 2889 du 7 janvier 1873 : quittance
  - 3 E 13128 – Acte 2992 du 14 mai 1873 : quittance
  - 3 E 13128 – Acte 3059 du 28 septembre 1873 : quittance
  - 3 E 13134 – Acte 4306 du 5 mars 1879 : obligation
  - 3 E 13134 – Acte 4317 du 13 mars 1879 : procuration

- **Série M**
  - 116 M3 - Epidémies : documents généraux, statistiques, rapports (1860-1897)
  - 15 M 16 – Renseignements généraux sur les maires (1875-1880)

  - 15 M 54 –Maires et adjoints canton de Domène (1847-1883)
  - 16M 116 – Etat de vacance dans les conseils municipaux (1876)

- **Série U**
  - **11 U 417 -** Tribunal de commerce de Grenoble, actes de sociétés, dépôt du 5 mai 1869

Archives municipales de Domène

- **Série D (Administration générale de la commune)**
  - 1 D 3 – Registre des délibérations du conseil (1866-1878, 1878-1891, 1891-1907)
- **Série F 1F1, 1F2, 1F3.**
  - Liste nominative des habitants (1836, 1856, 1861, 1866, 1881, 1886, 1891)
- **Série K (élections)**
  - 1K1 1K2. Listes électorales (1851-1890)

Archives du musée de la Houille Blanche à Lancey [AMHB]

- AMHB, 2C6, Lettres de Marmonier à Bergès

Autres archives départementales

- Acte de naissance de Marie Caroline Mayer à Metz (Moselle),
- Acte de de mariage de Melchior Marmonier et Marie Caroline Mayer à Sévigny (Ardennes)

Archives diverses

- Archives nationales, inventaire, concessions de mines de charbon, N° 969 ISERE - La BOUTIERE - Société Minière CARVIN. 1858
- Bibliothèque nationale du patrimoine, Annales des Mines, 1858, série 5, volume 7, partie administrative, p7 à 9

Bande Dessinée

- B. Dufossé et I. Dagallier : L'aventure d'un département « Isère », p 24-25, Editions Glénat, 1987

Table des matières

Table des illustrations

Structures éditoriales du groupe L'Harmattan

L'Harmattan Italie
Via degli Artisti, 15
10124 Torino
harmattan.italia@gmail.com

L'Harmattan Hongrie
Kossuth l. u. 14-16.
1053 Budapest
harmattan@harmattan.hu

L'Harmattan Sénégal
10 VDN en face Mermoz
BP 45034 Dakar-Fann
senharmattan@gmail.com

L'Harmattan Cameroun
TSINGA/FECAFOOT
BP 11486 Yaoundé
inkoukam@gmail.com

L'Harmattan Burkina Faso
Achille Somé – tengnule@hotmail.fr

L'Harmattan Guinée
Almamya, rue KA 028 OKB Agency
BP 3470 Conakry
harmattanguinee@yahoo.fr

L'Harmattan RDC
185, avenue Nyangwe
Commune de Lingwala – Kinshasa
matangilamusadila@yahoo.fr

L'Harmattan Congo
67, boulevard Denis-Sassou-N'Guesso
BP 2874 Brazzaville
harmattan.congo@yahoo.fr

L'Harmattan Mali
Sirakoro-Meguetana V31
Bamako
syllaka@yahoo.fr

L'Harmattan Togo
Djidjole – Lomé
Maison Amela
face EPP BATOME
ddamela@aol.com

L'Harmattan Côte d'Ivoire
Résidence Karl – Cité des Arts
Abidjan-Cocody
03 BP 1588 Abidjan
espace_harmattan.ci@hotmail.fr

L'Harmattan Algérie
22, rue Moulay-Mohamed
31000 Oran
info2@harmattan-algerie.com

L'Harmattan Maroc
5, rue Ferrane-Kouicha, Talaâ-Elkbira
Chrableyine, Fès-Médine
30000 Fès
harmattan.maroc@gmail.com

Nos librairies en France

Librairie internationale
16, rue des Écoles – 75005 Paris
librairie.internationale@harmattan.fr
01 40 46 79 11
www.librairieharmattan.com

Librairie l'Espace Harmattan
21 bis, rue des Écoles – 75005 Paris
librairie.espace@harmattan.fr
01 43 29 49 42

Lib. sciences humaines & histoire
21, rue des Écoles – 75005 Paris
librairie.sh@harmattan.fr
01 46 34 13 71
www.librairieharmattansh.com

Lib. Méditerranée & Moyen-Orient
7, rue des Carmes – 75005 Paris
librairie.mediterranee@harmattan.fr
01 43 29 71 15

Librairie Le Lucernaire
53, rue Notre-Dame-des-Champs – 75006 Paris
librairie@lucernaire.fr
01 42 22 67 13

www.ingramcontent.com/pod-product-compliance
Lightning Source LLC
LaVergne TN
LVHW021236061026
849535LV00008B/3077